U0334470

总主编 伍 江 副总主编 雷星晖

吴一楠 李风亭 著

具有多层次结构环境功能材料的制备及性能研究

Fabrication and Performances of Environment Functional Materials with Hierarchical Structure

内 容 提 要

本书设计并制备了具有多层次结构的新型功能材料，详细阐述了各种多层次功能材料的制备方法，并进一步表征了其结构特点、物化性质及功能特性。发展了基于静电纺丝技术平台制备功能性自支撑纤维介孔吸附膜材料和金属有机框架化合物膜材料；基于光子晶体平台制备具有胶体晶体阵列的金属有机框架化合物薄膜，以及具有三维有序大孔结构的金属有机框架化合物薄膜。

本书介绍的具有多层次结构的功能材料有效结合了各层次结构的特性，在吸附分离、催化和传等领域具有巨大的潜在应用价值。本书适合环境科学与工程、高分子新材料等相关专业和领域的读者阅读。

图书在版编目(CIP)数据

具有多层次结构环境功能材料的制备及性能研究/吴一楠，李风亭著. —上海：同济大学出版社，2017.8
(同济博士论丛/伍江总主编)
ISBN 978-7-5608-6837-0

Ⅰ. ①具… Ⅱ. ①吴…②李… Ⅲ. ①功能材料—研究 Ⅳ. ①TB34

中国版本图书馆 CIP 数据核字(2017)第 062734 号

具有多层次结构环境功能材料的制备及性能研究

吴一楠 李风亭 著
出 品 人 华春荣 责任编辑 李 杰 熊磊丽
责任校对 徐春莲 封面设计 陈益平

出版发行 同济大学出版社 www.tongjipress.com.cn
(地址：上海市四平路 1239 号 邮编：200092 电话：021-65985622)
经 销 全国各地新华书店
排版制作 南京展望文化发展有限公司
印 刷 浙江广育爱多印务有限公司
开 本 787 mm×1092 mm 1/16
印 张 10
字 数 200 000
版 次 2017 年 8 月第 1 版 2017 年 8 月第 1 次印刷
书 号 ISBN 978-7-5608-6837-0

定 价 80.00 元

“同济博士论丛”编写领导小组

"同济博士论丛"编辑委员会

总 序

在同济大学110周年华诞之际，喜闻“同济博士论丛”将正式出版发行，倍感欣慰。记得在100周年校庆时，我曾以《百年同济，大学对社会的承诺》为题作了演讲，如今看到付梓的“同济博士论丛”，我想这就是大学对社会承诺的一种体现。这110部学术著作不仅包含了同济大学近10年100多位优秀博士研究生的学术科研成果，也展现了同济大学围绕国家战略开展学科建设、发展自我特色，向建设世界一流大学的目标迈出的坚实步伐。

坐落于东海之滨的同济大学，历经110年历史风云，承古续今、汇聚东西，秉持“与祖国同行、以科教济世”的理念，发扬自强不息、追求卓越的精神，在复兴中华的征程中同舟共济、砥砺前行，谱写了一幅幅辉煌壮美的篇章。创校至今，同济大学培养了数十万工作在祖国各条战线上的人才，包括人们常提到的贝时璋、李国豪、裘法祖、吴孟超等一批著名教授。正是这些专家学者培养了一代又一代的博士研究生，薪火相传，将同济大学的科学研究和学科建设一步步推向高峰。

大学有其社会责任，她的社会责任就是融入国家的创新体系之中，成为国家创新战略的实践者。党的十八大以来，以习近平同志为核心的党中央高度重视科技创新，对实施创新驱动发展战略作出一系列重大决策部署。党的十八届五中全会把创新发展作为五大发展理念之首，强调创新是引领发展的第一动力，要求充分发挥科技创新在全面创新中的引领作用。要把创新驱动发展作为国家的优先战略，以科技创新为核心带动全面创新，以体制机制改革激发创新活力，以高效率的创新体系支撑高水平的创新型国家建设。作为人才培养和科技创新的重要平台，大学是国家创新体系的重要组成部分。同济大学理当围绕国家战略目标的实现，作出更大的贡献。

大学的根本任务是培养人才，同济大学走出了一条特色鲜明的道路。无论是本科教育、研究生教育，还是这些年摸索总结出的导师制、人才培养特区，"卓越人才培养"的做法取得了很好的成绩。聚焦创新驱动转型发展战略，同济大学推进科研管理体系改革和重大科研基地平台建设。以贯穿人才培养全过程的一流创新创业教育助力创新驱动发展战略，实现创新创业教育的全覆盖，培养具有一流创新力、组织力和行动力的卓越人才。"同济博士论丛"的出版不仅是对同济大学人才培养成果的集中展示，更将进一步推动同济大学围绕国家战略开展学科建设、发展自我特色、明确大学定位、培养创新人才。

面对新形势、新任务、新挑战，我们必须增强忧患意识，扎根中国大地，朝着建设世界一流大学的目标，深化改革，勠力前行！

万　钢

2017 年 5 月

论丛前言

承古续今，汇聚东西，百年同济秉持"与祖国同行、以科教济世"的理念，注重人才培养、科学研究、社会服务、文化传承创新和国际合作交流，自强不息，追求卓越。特别是近20年来，同济大学坚持把论文写在祖国的大地上，各学科都培养了一大批博士优秀人才，发表了数以千计的学术研究论文。这些论文不但反映了同济大学培养人才能力和学术研究的水平，而且也促进了学科的发展和国家的建设。多年来，我一直希望能有机会将我们同济大学的优秀博士论文集中整理，分类出版，让更多的读者获得分享。值此同济大学110周年校庆之际，在学校的支持下，"同济博士论丛"得以顺利出版。

"同济博士论丛"的出版组织工作启动于2016年9月，计划在同济大学110周年校庆之际出版110部同济大学的优秀博士论文。我们在数千篇博士论文中，聚焦于2005—2016年十多年间的优秀博士学位论文430余篇，经各院系征询，导师和博士积极响应并同意，遴选出近170篇，涵盖了同济的大部分学科：土木工程、城乡规划学（含建筑、风景园林）、海洋科学、交通运输工程、车辆工程、环境科学与工程、数学、材料工程、测绘科学与工程、机械工程、计算机科学与技术、医学、工程管理、哲学等。作为"同济博士论丛"出版工程的开端，在校庆之际首批集中出版110余部，其余也将陆续出版。

博士学位论文是反映博士研究生培养质量的重要方面。同济大学一直将立德树人作为根本任务，把培养高素质人才摆在首位，认真探索全面提高博士研究生质量的有效途径和机制。因此，"同济博士论丛"的出版集中展示同济大学博士研究生培养与科研成果，体现对同济大学学术文化的传承。

“同济博士论丛”作为重要的科研文献资源，系统、全面、具体地反映了同济大学各学科专业前沿领域的科研成果和发展状况。它的出版是扩大传播同济科研成果和学术影响力的重要途径。博士论文的研究对象中不少是“国家自然科学基金”等科研基金资助的项目，具有明确的创新性和学术性，具有极高的学术价值，对我国的经济、文化、社会发展具有一定的理论和实践指导意义。

“同济博士论丛”的出版，将会调动同济广大科研人员的积极性，促进多学科学术交流、加速人才的发掘和人才的成长，有助于提高同济在国内外的竞争力，为实现同济大学扎根中国大地，建设世界一流大学的目标愿景做好基础性工作。

虽然同济已经发展成为一所特色鲜明、具有国际影响力的综合性、研究型大学，但与世界一流大学之间仍然存在着一定差距。“同济博士论丛”所反映的学术水平需要不断提高，同时在很短的时间内编辑出版 110 余部著作，必然存在一些不足之处，恳请广大学者，特别是有关专家提出批评，为提高同济人才培养质量和同济的学科建设提供宝贵意见。

最后感谢研究生院、出版社以及各院系的协作与支持。希望“同济博士论丛”能持续出版，并借助新媒体以电子书、知识库等多种方式呈现，以期成为展现同济学术成果、服务社会的一个可持续的出版品牌。为继续扎根中国大地，培育卓越英才，建设世界一流大学服务。

伍　江
2017 年 5 月

前　言

多孔材料按孔径尺寸可分为三类：微孔材料（孔径小于 2 nm）、介孔材料（孔径在 2～50 nm）和大孔材料（孔径大于 50 nm）。对单一孔材料的研究已有几百年的历史，并广泛应用于科学研究和工业生产各领域中。然而人们发现单一孔材料由于其单一的孔属性，在实际应用中受到极大的限制，因此迫切需要发展综合各种孔结构优点的多层次孔材料。近年来，随着研究的不断深入，多层次孔结构材料因其独特的形貌、尺寸所产生的物理、化学性质，在基础科学研究和实际应用中引起了世界范围内科学家广泛的研究兴趣。自然界中，在多层次尺度上具有孔结构及功能位点的材料普遍存在，然而人工合成手段构建此类材料并赋予一定的功能却是一项极富有挑战性的研究课题。设计和制备具有多重结构和叠加功能的复合体系材料可以避免单一结构的缺陷，同时提供不同尺度的结构，在解决传质问题、提高材料利用效能以及开发新型功能材料等方面具有重要意义。本书致力于设计并制备具有多层次结构的新型功能材料，详细阐述了各种多层次功能材料的制备方法，并进一步表征了其结构特点、物化性质及功能特性。如发展了基于静电纺丝技术平台制备功能性自支撑纤维介孔吸附膜材料和金属有机框架化合物

(MOFs)膜材料;基于光子晶体平台制备具有胶体晶体阵列的金属有机框架化合物薄膜以及具有三维有序大孔结构的金属有机框架化合物薄膜。具体的研究内容包括:

1. 基于静电纺丝技术和表面活性剂诱导造孔技术一步法制备具有多层次结构(大孔-介孔-活性位点)结构的硅基功能吸附膜材料。以非离子表面活性剂 F127 作为结构导向剂,结合 EISA(溶液挥发诱导自组装)技术,借助静电纺丝装置,提取模板剂后得到了自支撑的巯基化介孔二氧化硅纤维膜材料。研究结果表明,实验条件下,由适合浓度的高分子表面活性剂 F127、硅烷和乙醇溶剂组成的前驱体溶胶在静电高压的作用下可喷射形成直径 1 μm 左右的规则纤维,经一段时间的收集和去除表面活性剂后可得到大面积巯基化介孔二氧化硅纤维膜。进一步研究表明,由于二级孔(大孔-介孔)结构的存在,材料可以实现在动态高通量[560 L/(m^2 · h)]条件下对 Cu^{2+} 的快速吸附与富集,吸附量可达 11.48 mg/g。

2. 利用静电纺丝制备的聚合物纤维薄膜作为支撑骨架制备含有功能化介孔 SiO_2 壳层的自支撑膜吸附材料。第一步利用电纺丝技术制备高分子聚合物聚苯乙烯纤维膜;第二步以聚苯乙烯电纺丝纤维膜作为骨架材料,将由高分子表面活性剂 F127、预水解硅源和乙醇溶剂组成的前驱体溶胶渗流浇注于电纺丝纤维表面,通过溶剂挥发诱导自组装方法在去除表面活性剂后形成高度有序并巯基化的介孔壳层。研究结果表明,通过调整表面活性剂 F127 的浓度,可以得到不同孔隙度和孔容的大孔结构。进一步研究表明,该材料可用于重金属离子 Cu^{2+} 的吸附和分离。由于二级孔(大孔-介孔)结构的存在,材料可以实现在动态高通量条件下[1.30×10^4 L/(h · m^2 · bar)]对 Cu^{2+} 的快速吸附、富集和再生,吸附量可达 16.28 mg/g。与前述一步法相比,该方法操作可控程度更高，材料结构可调性更大，在吸附分离、催化和传感等领域具有潜在的应用前景。

3. 基于静电纺丝技术制备具有二级孔（大孔-微孔）结构的金属有机框架化合物(MOFs)膜材料。采用静电纺丝技术，制备了掺杂 ZIF－8 纳米颗粒的电纺丝膜并作为结构骨架，以纤维表面负载的 ZIF－8 纳米颗粒作为晶种层，在溶剂热条件下进行二次 MOF 晶体生长，得到了表面连续生长而内部致密填充的 ZIF－8 晶体膜。进一步的单组份气体渗透测试和 CO_2/N_2 混合气体渗透分离实验表明该材料可同时实现气体的高渗透率和对 CO_2 的有效选择性吸附和富集。

4. 基于胶体晶体阵列的金属有机框架化合物薄膜的制备。采用直径为 300 nm 左右且表面—COOH 功能化的 P(St－MAA)微球组装的胶体晶体作为基体材料，运用金属离子-有机配体层层自组装的方法制备出具有蛋白石结构的 HKUST－1 薄膜。该材料对不同化学溶剂如甲醇、乙醇等醇类以及正己烷、正辛烷等烷烃具有差异性的响应。由于材料结构具有特征光学信号，可用以研究 MOF 结构中的主客体化学作用，具有可设计性强和可反复使用等优点。通过改变胶体晶体的表面功能基团，结合无限可调的 MOF 材料，可设计出一系列更多用途的功能材料，在催化和传感等领域应用前景非常广阔。

5. 利用胶体晶体模板法制备具有二级孔（大孔-微孔）结构的三维有序反蛋白石结构金属有机框架化合物薄膜。采用直径为 300 nm 左右且表面—COOH 功能化的 P(St－MAA)微球组装的胶体晶体作为模板，将含有金属离子和有机配体的稳定前驱体溶液填充进胶体晶体模板的孔隙中，经过原位晶化并除去模板后得到具有特征光学信号(Bragg 衍射峰在 629 nm 左右)的三维有序大孔结构的 HKUST－1 光子晶体膜。该材料对不同化学溶剂具有差异性的响应，且响应速度快(30 s)，再生后可反复使用。进一步研究表明，所构建的 HKUST-1 光子晶体膜可用以研究 MOF 结构中的主客体化学作用。与前述基于胶体晶体阵列的金属有机框架化合物复合薄膜相比，该材料具有响应速度更快和适用环境更广等特点。

本书致力于发展简单、高效制备多层次结构功能材料的方法。研究结果表明制备的这些具有多层次结构的功能材料有效结合了各层次结构的特性，在吸附分离、催化和传感等领域中具有巨大的潜在应用价值。

目 录

第1章 引言

1.1 研究背景与意义

材料是人类赖以生存和发展的物质基础，材料科学的发展是人类社会进步的重要标志之一。纵观人类社会的发展历史，材料科学技术的每一次重大突破都会引起生产技术领域的一次革命，大大加速了社会的发展进程，推动了人类物质文明的不断发展。

在各种各样不断发展并应用的功能材料中，多孔材料是最常用的一种。由于其在催化、吸附、分离、传感等领域的广泛应用，一直受到研究者的极大关注。根据国际纯粹和应用化学联合会（IUPAC）的定义，多孔材料（porous materials）按孔径尺寸可分为三类（图1-1）：微孔材料（microporous materials，孔径小于2 nm）、介孔材料（mesoporous materials，孔径介于2～50 nm之间）和大孔材料（macroporous materials，孔径大于50 nm）[1]。对单一孔材料的研究已有几百年的历史，并广泛应用于科学研究和工业生产各领域中。然而人们发现单一孔材料由于单一的孔属性在实际应用中受到极大的限制，因此迫切需要发展综合各种孔结构优点的多层次孔材料。

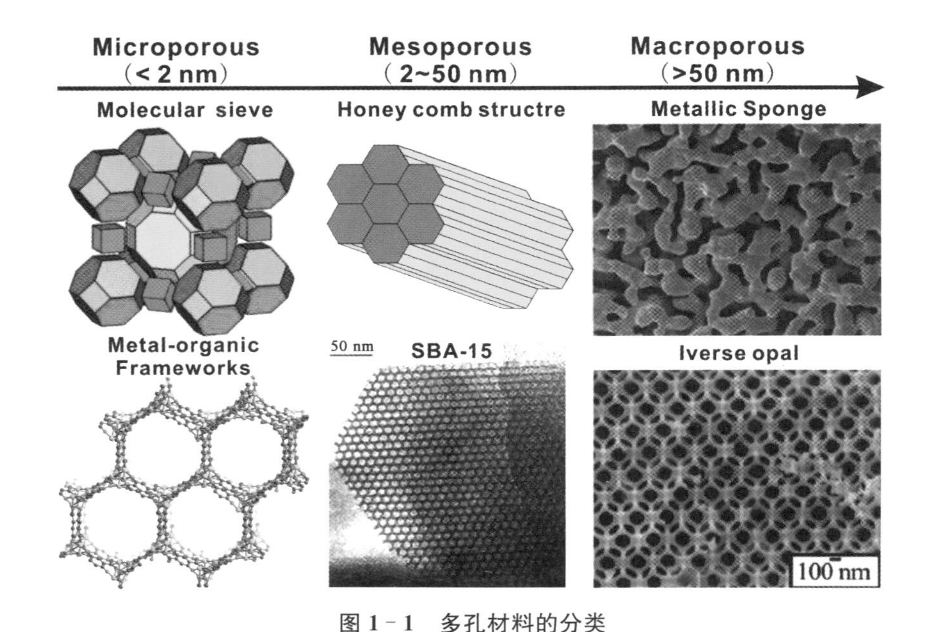

图 1-1　多孔材料的分类

1.2　单一孔材料概述

单一孔材料包括微孔材料、介孔材料和大孔材料。其中单一微孔材料包括传统的活性炭、沸石分子筛、硅铝分子筛和近年来迅速发展起来的金属有机框架化合物(Metal-organic Frameworks,MOFs)和多孔配位聚合物(Porous Coordination Polymers,PCPs)。他们的共同特点是具有小于 2 nm 的规则微孔空穴结构、较大的比表面积,广泛应用于吸附和催化等领域。特别是具有高结晶度和丰富结构功能拓展空间的 MOFs 和 PCPs 材料,在储氢、气体分离、催化、传感以及光、电、磁等功能材料的应用方面显示了诱人的前景,引起了研究者的广泛关注和深入研究。单一介孔材料主要指具有孔径大小在 2～50 nm 范围内的有序孔道结构的多孔材料。一般可分为硅基(silica-based)和非硅基组成(non-silicated composition)介孔材料两类。介孔材料不仅具有较大的比表面积,而且其孔径范围在纳米尺度上,与很多分子如生物大分子尺度相近,因此在催化、吸附、分离、生物技术等领域有重要的应用价值。单一大孔材料特别是有序大孔材料除了具有良好的通透性外,还表现出特殊的光学性能,可作为光子带隙材料制备多种光学器件。

1.2.1 微孔分子筛材料

早期对于多孔材料的研究主要围绕微孔分子筛(molecular sieve)展开。自从20世纪40年代,以Barrer R. M.为代表的化学家们模仿天然沸石的生成环境合成出人工沸石以来[2],各种全硅、硅铝、磷酸盐微孔分子筛和过渡金属杂化磷酸铝分子筛材料相继被合成并广泛运用于诸如石油化工及精细化工等催化反应领域[3-5]。这种微孔分子筛是传统意义上的晶体材料,骨架结构严格按照晶体学中的对称性进行排列,因此在原子尺度上具有确定的孔道和孔穴形状、大小走向以及连通性等。虽然微孔分子筛具有高的比表面积、反应活性、良好的水热稳定性和一定的抗化学腐蚀能力等特点,但是在实际运用中仍存在很多问题,特别是由于孔道尺寸的限制(一般小于1.5 nm),大大制约了微孔沸石分子筛在大分子反应中的应用(图1-2)。

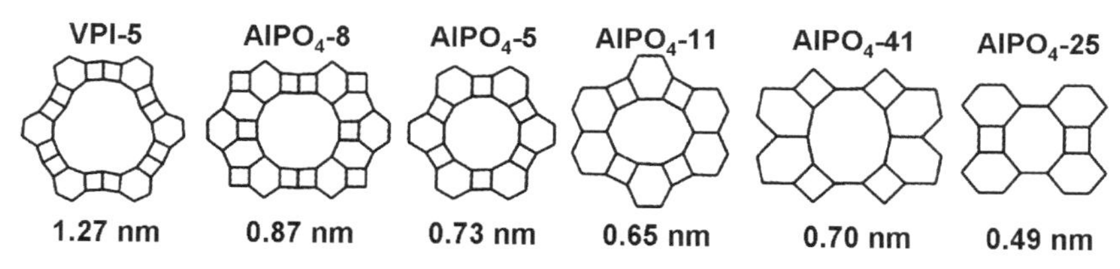

图1-2 常见的几种磷铝系列微孔分子筛及其孔径尺寸[5-6]

金属有机框架化合物(Metal-organic Frameworks, MOFs)和多孔配位聚合物(Porous Coordination Polymers, PCPs)源自对配位化学的

研究，伴随着超分子化学和晶体工程的兴起在最近几十年迅猛发展起来，成为一个新兴的研究热点领域。如图 1 - 3 所示，MOFs 通常是指金属离子和有机配体通过自组装行为形成具有周期性网络结构的晶态多孔材料[7-8]。由于结合了周期性网络的孔穴结构和有机材料骨架的性质，因此 MOFs 也综合了配位化合物和高分子聚合物两者的特点。不同于传统的微孔分子筛，金属有机框架化合物材料具有以下特性：

① 分子尺寸的超薄孔壁赋予 MOFs 极大的比表面积和孔容；

② 丰富的有机配体种类赋予 MOFs 近乎无限的功能可调性；

③ 具有移除客体分子而主体框架完好保持的持久孔道或孔穴；

④ 具有高的结晶度，明确的结构-功能关系。

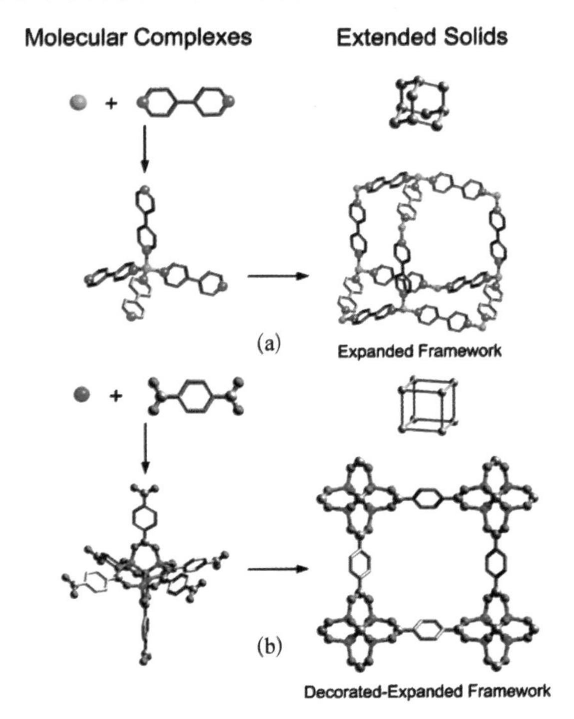

图 1 - 3　MOFs 的组装原理。(a) 刚性 MOFs，橙色为金属原子，灰色为 C 原子，蓝色为 N 原子；(b) 柔性 MOFs，紫色为金属原子，灰色为 C 原子，红色为 O 原子[8]

金属有机框架化合物的功能不仅取决于材料分子本身的理化性质，很大程度上还受到材料的微观结构的影响，即结构决定功能。由于金属有机框架化合物无论从孔道形状、大小，还是从对客体分子的吸附性能上来说，均有别于传统的沸石分子筛。这类结构新颖，功能丰富的晶态多孔材料在吸附分离、催化、光电磁、传感等领域显示了诱人的应用前景，得到研究者的广泛关注和深入研究[9-14]。

早期对于 MOF 的研究主要集中于设计、合成新的晶体结构并寻求具有更大比表面积的 MOF 材料(图 1-4)。1999 年，香港科技大学的 Williams 研究组在 *Science* 杂志上报道了由铜离子和均苯三甲酸(benzene-1,3,5-tricarboxylate)配位形成的三维金属有机骨架材料，$[Cu_3(TMA)_2(H_2O)_3]_n$。该材料具有约 9×9 Å^2 的正方形孔道[图 1-5(c)]，BET 比表面积约为 692.2 m^2/g，骨架空旷程度为 40.7%，成为目前研究最广泛的 MOF 材料之一，并被命名为 HKUST-1[15]。美国加

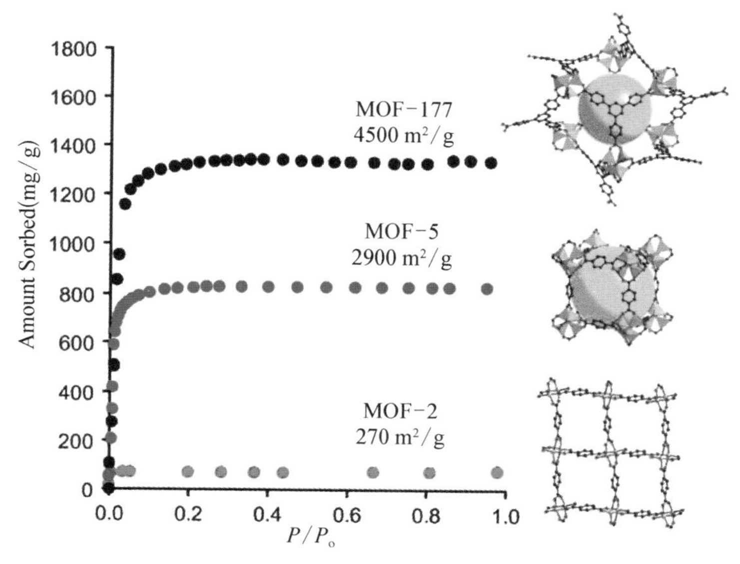

图 1-4 近年来不断出现的 MOFs 材料展现出了巨大的比表面积，以 N_2 吸附数据表示[9]

州大学O. M. Yaghi 研究小组长期以来致力于在金属有机框架化合物材料领域的深入研究。从1998年以对苯二甲酸(1,4-Benzenedicarboxylate)为配体合成出了Langmuir比表面积约为270 m^2/g的MOF-2,Zn(BDC)·(DMF)(H_2O)以来[16],相继又合成出了具有更大比表面积的MOF-5,$ZnO_4(BDC)_3\cdot(DMF)_8\cdot C_6H_5Cl$,达到2 900 m^2/g[17]。2004年又在*Nature*杂志上报道了比表面积高达4 500 m^2/g,孔径约为1~2 nm的MOF-177金属有机骨架材料[18]。MOF-177可以吸附多种有机大分子,如溴苯、溴萘、溴蒽和染料分子等。此外,O. M. Yaghi 研究小组还通过对金属有机骨架材料中有机配体进行修饰和拓展,成功构筑了孔径可达2 nm以上的IRMOF(Isoreticular Metal-organic Framework)系列金属有机框架化合物(图1-6),依据孔径尺寸可被认为是一种晶态介孔材料且具有良好的稳定性[19-20]。

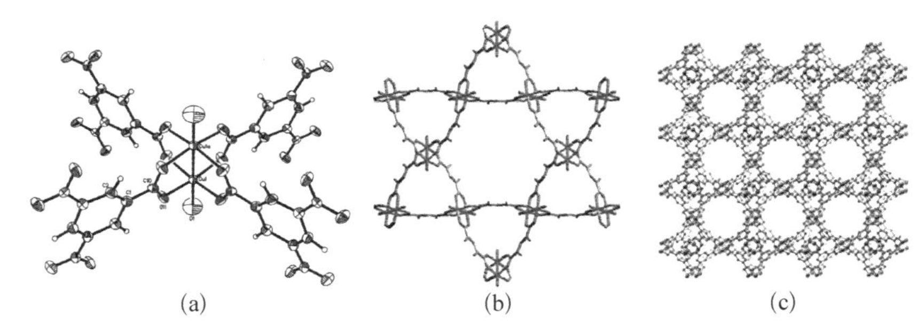

图1-5　HKUST-1,$[Cu_3(TMA)_2(H_2O)_3]_n$的结构[15]

Zeolitic imidazolate frameworks,简称ZIFs是近几年来迅速发展起来的另一类金属有机框架化合物材料[21](图1-7)。由于采用如Zn^{2+}、Co^{2+}、Cu^{2+}等四面体金属离子桥接咪唑类有机配体构筑的结构单元中金属-有机配体-金属的键角和传统的无机沸石分子筛中Si-O-Si键角均为145°,因此一系列具有沸石结构的ZIFs材料被大量报道[22]。研究表明ZIFs金属有机骨架材料具有永久的孔道结构和优异的热稳定性以及化学稳定性[23]。此外,值得一提的是由于具有与CO_2分子动力学直

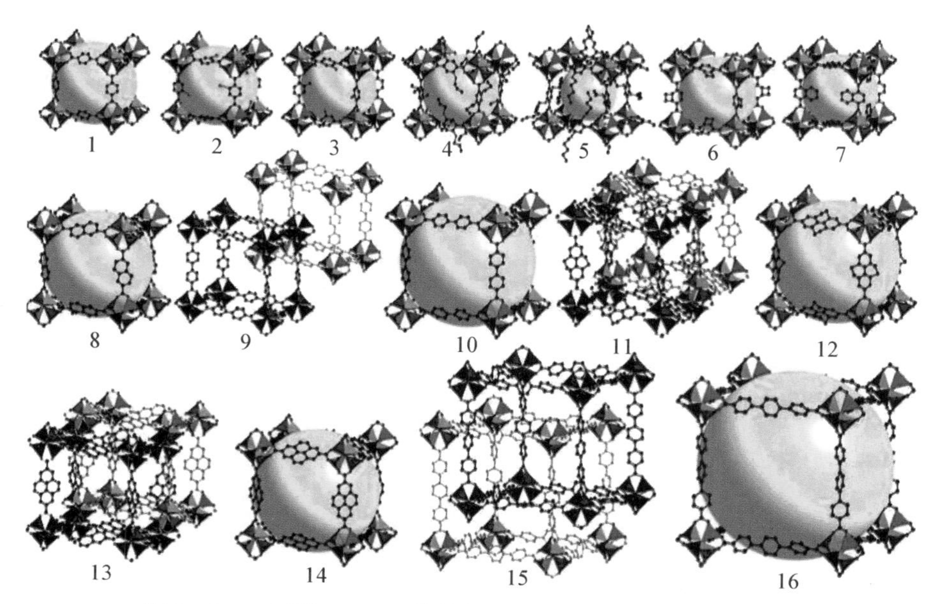

图 1-6 一系列 IRMOFs 的结构示意图，其中 IRMOF-8、-10、-12、-14、-16 的孔径超过 2 nm[9]

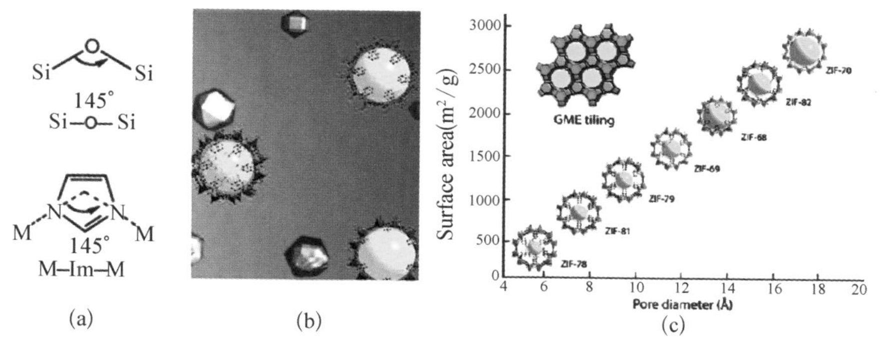

图 1-7 (a) ZIFs 结构中金属-配体键角示意图；(b) 部分 ZIFs 晶体光学照片；(c) 部分 ZIFs 系列化合物比表面积示意图[22]

径(～3Å)类似的笼状结构和咪唑配体中富电子的 N 原子，ZIFs 材料表现出对 CO_2 的高亲和性，并成功用于对 CO_2 的存贮和混合气体中 CO_2 的吸附分离[24]。例如，1 L ZIF-69 材料可在常温常压下(273 K，1 atm)吸附 82.6 L CO_2。

MOF 材料的结构“弹性”(Flexibility)是这一领域的另一个研究热点[25]。虽然 MOF 材料具有高度的晶态特点，但由于其骨架结构由灵活可变的有机分子组成，因此不同于传统的无机沸石微孔材料。一些 MOF 材料对于外界刺激如压力、温度、光或吸附不同气体或溶剂分子后其骨架可产生不同的响应如孔道形状、孔容等发生“呼吸”现象(breathing effect)[26]。G. Férey 和 Kitagawa 研究小组在这方面开展了一系列工作。2005 年，Férey 课题组报道了通过拟合计算和粉末 X 射线衍射结果发现了 MIL－88 金属有机骨架材料吸附甲醇、乙醇、丁醇和水后其晶胞结构发生了不同程度的膨胀(swelling)[27]。2007 年 Férey 课题组在 *Science* 杂志上报道了 MIL－88C 金属有机骨架材料在室温下吸附吡啶后孔容发生高达 270％的膨胀(图 1－8)，移除客体分子后原先膨胀的孔穴结构还可恢复，并指出主客体作用力是产生这种呼吸效应的主要因素[28]。这种现象是微孔材料领域具有严格规整晶体结构的传统无机分子筛材料所不具备。因此，基于主客体作用而具有结构响应性的 MOF 材料在选择性吸附特定分子，提高材料气体存储性能和研究主客体化学等领域具有重大意义[29-31]。

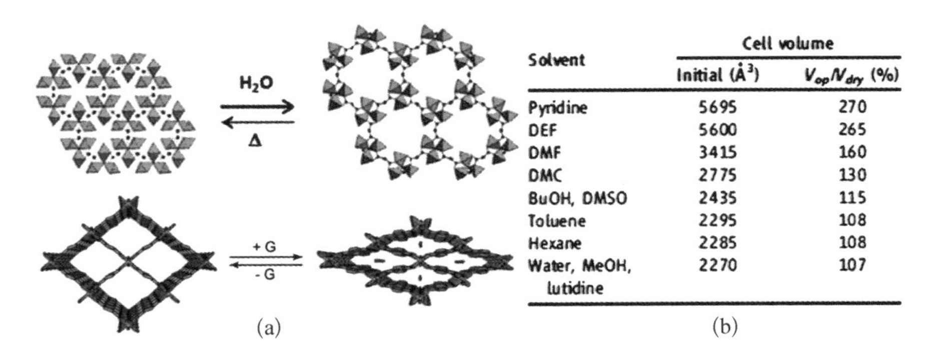

Solvent	Cell volume Initial (Å^3)	V_{op}/V_{dry} (%)
Pyridine	5695	270
DEF	5600	265
DMF	3415	160
DMC	2775	130
BuOH, DMSO	2435	115
Toluene	2295	108
Hexane	2285	108
Water, MeOH, lutidine	2270	107

图 1－8 (a) MOFs 主客体作用示意图[25-26]；(b) MIL－88C 吸附不同溶剂后晶胞体积变化表[25-26, 28]

1.2.2 介孔分子筛材料

介孔材料的出现是分子筛和多孔材料发展史上的一次飞跃。介孔材料一般指孔径大小在 2～50 nm 范围内具有有序孔道结构的材料。1992 年，Mobil 石油公司的科学家以烷基铵类阳离子表面活性剂作为模板剂，以硅酸盐/铝硅酸盐为原料，水热法合成了系列编号为 M41S 的有序介孔材料，标志着有序介孔材料时代的真正到来[32]。

有序介孔材料制备的核心思想基于传统分子筛合成中的模板机理。研究者通过改变模板剂的种类和合成方法，制备了如图 1－9 所示的诸如 MCM－n[33-35]、SBA－n[36-40]、KIT[41]、HMS[42-43]、MSU－n[44]、FDU－n[45]等一系列具有不同结构，孔径在 2～30 nm 的硅基和非硅基介孔材料。这些不同种类的高度有序介孔分子筛中孔道排列方式和连接方式不尽相同，主要包括一维层状、二维六方（p6mm）、三维立方（Ia$\bar{3}$d，Pm$\bar{3}$n，Fd$\bar{3}$m）、三维体心立方（Im$\bar{3}$m）等。

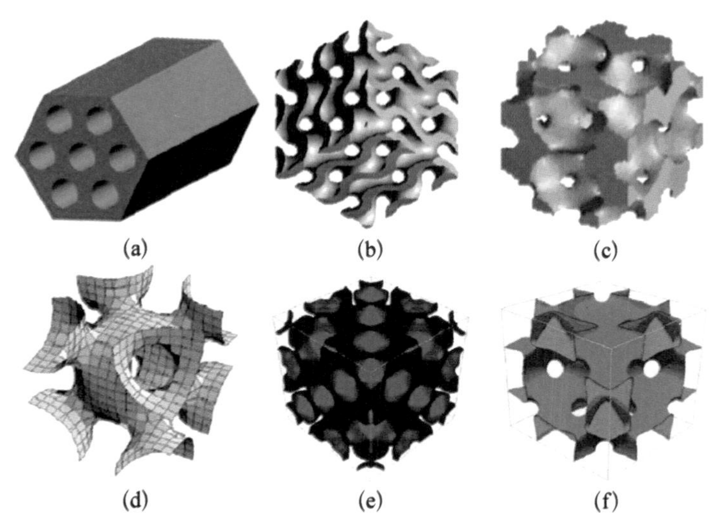

图 1－9 常见有序介孔材料的空间结构模型

（a）MCM－41，p6mm；（b）MCM－48，Ia$\bar{3}$d；（c）SBA－1，Pm$\bar{3}$n；（d）SBA－16，Im$\bar{3}$m；（e）FDU－2，Fd$\bar{3}$m；（f）FDU－12，Fm$\bar{3}$m[46]

有序介孔材料的合成一般需要表面活性剂、硅源、水或有机溶剂、酸碱等几种物质，通过某种协同或自组装方式形成规则有序的胶束自组装体，去除表面活性剂后得到有序介孔材料。主要有以下几种合成途径：水热合成、室温合成和溶剂挥发诱导自组装等。

水热合成法是最为常用的合成方法，通过模拟天然沸石的生成条件，在水热环境下，表面活性剂和硅源分子自组装成液晶态结构相。随着无机物种进一步的水解缩聚，产物结构得到稳定。SBA - n、MSU 系列介孔材料大多采用水热合成法。通常认为对于以非离子表面活性剂如嵌段共聚物为模板的介孔材料的合成，采用水热处理有助于提高物种表面硅羟基的聚合程度从而提高材料的结构稳定性和孔道有序性。与水热法相比，虽然室温合成法所得到的产品结构一般，但其对制备条件要求较低且合成时间较短，因此也成为制备介孔材料的常规方法。

溶剂挥发诱导自组装法（Evaporation Induced Self - Assembly, EISA），最早由美国新墨西哥大学的 C. J. Brinker 教授发明，并用于制备介孔二氧化硅薄膜材料[47-48]。EISA 技术采用典型的溶胶-凝胶(sol-gel)化学和有机-无机自组装结合的方法，如图 1 - 10 所示，将由硅源、有机溶剂、水、和表面活性剂组成的均匀前驱体溶液在酸性条件下进行预水解，之后通过提拉(dip-coating)或旋涂(spin-coating)法制备成薄膜。在溶剂挥发过程中，硅物种继续水解交联并与表面活性剂快速自组装产生介观周期性结构。通过煅烧或萃取除去表面活性剂模板后即可得到有序介孔薄膜材料。与常规的水热合成法相比，EISA 技术更加简单便捷，可有效地控制硅源的水解速率从而得到更加均匀的硅基介孔材料，广泛应用于薄膜介孔材料的制备[49]。

功能化介孔材料的制备是介孔材料研究领域的另一个重要组成部分。通过对硅基介孔材料进行改性，包括对孔道内表面进行有机官

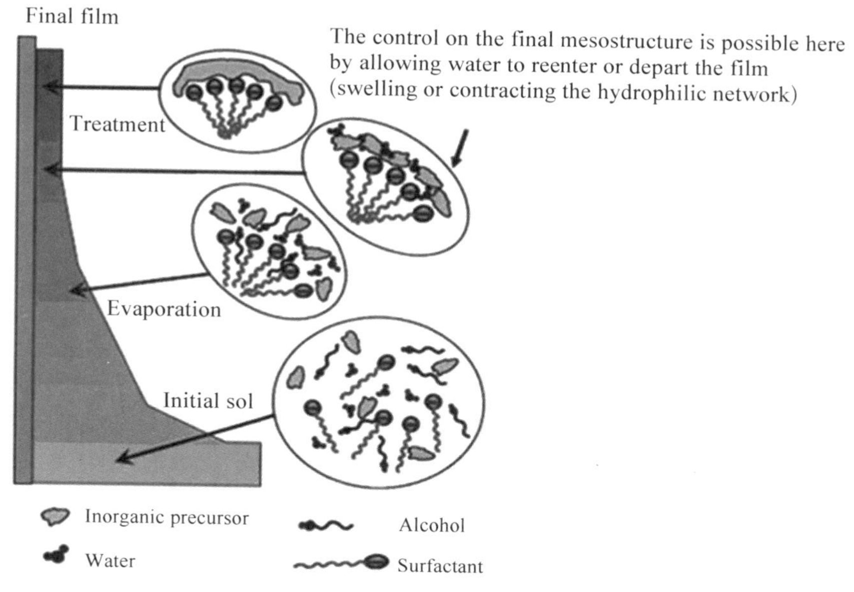

图 1-10 EISA 法合成介孔材料的机理示意图[49]

能团的修饰或对无机骨架进行掺杂或部分取代，从而大大改善介孔材料的性能，得到优异的功能化介孔材料。在环境领域，改性的功能化介孔材料通常用于螯合吸附如 Hg^{2+}、Pb^{2+}、Ni^{2+}、Cd^{2+}、Cu^{2+}、Mn^{2+} 等对环境和人体健康危害极大的重金属和持久性有机污染物(Persistent Organic Pollutants, POPs)如染料、杀虫剂、工业化学品等[50-52]。以下介绍介孔材料功能化的几种主要途径：① 后嫁接法，如图 1-11(a)所示，通过将含有功能基团的有机硅烷偶联剂 $(R'O)_xSiR_y$ 和与介孔材料表面的羟基反应，将有机基团铆接到介孔材料孔道表面。通过改变有机硅烷偶联剂 $(R'O)_xSiR_y$ 中的 R 基团实现如巯基、氨基、脲基等功能基团的调控修饰。② 共缩聚法，如图 1-11(b)所示，通过将含有功能基团的有机硅烷偶联剂 $(R'O)_xSiR_y$ 和无机硅源 $(R'O)_4Si$ 同步水解缩聚，一步实现介孔材料的功能化合成。③ 桥连双硅烷功能化法，如图 1-11(c)所示，这种方法利用有机官能团桥连的双硅烷为硅源，经过水解缩聚得到了孔壁内功能化的介孔材料。第2、3种方法合成步骤简单，已被广泛应用于制备功能化介孔材料的研究中。

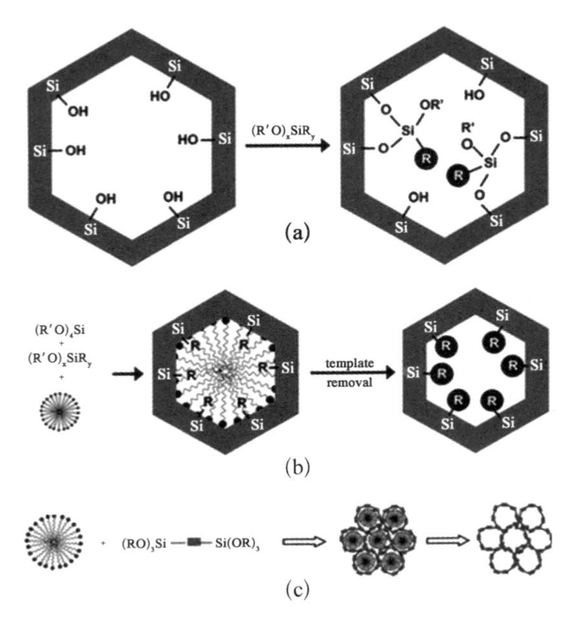

图1-11　介孔材料有机官能团功能化修饰三种主要途径示意图[50]

1.2.3　大孔材料

在多孔材料领域，增大孔径是研究目标之一。一般来说，由于大孔材料孔径一般超过100 nm甚至达到微米级，已经不具备筛分分子的能力，因此一般不称之为分子筛材料。得益于生物界模板合成的启发，使用单分散胶体颗粒等超大模板，采用纳米铸造(nanocasting)合成法，得到了一系列尺寸分布的大孔材料。大孔材料的模板合成方法较多，主要有以下几种：① 模板合成法[53-54]；② 微乳液法[55]；③ 生物模板法[56]等。

孔径在光波长范围内(几百纳米)的三维有序大孔(three-dimensionally ordered macroporous，3DOM)材料因具有独特的光学性质和其他性质，近年来在光子晶体、传感器、彩色显示、电极材料、过滤分离和催化等领域展现了广阔的研究前景。以胶体晶体为模板是目前最常用的一种制备三维有序大孔材料的方法之一[57-58]。通过对胶体晶体模板进行反向复制，得到具有反蛋白石结构的三维有序大孔结构。图1－12所示是以胶体晶体为模板制备三维有序反蛋白石结构的三种常见方法。其中第一种方法最为普遍，首先将单分散的胶体颗粒通过自组装的方法得到三维胶体晶体正模板，然后通过各种方式如旋涂、过滤、物理化学沉积等在胶体晶体正模板的缝隙中填充所要制备的物质，最后通过化学腐蚀或煅烧等方法去除胶体晶体正模板从而得到具有三维有序大孔结构。

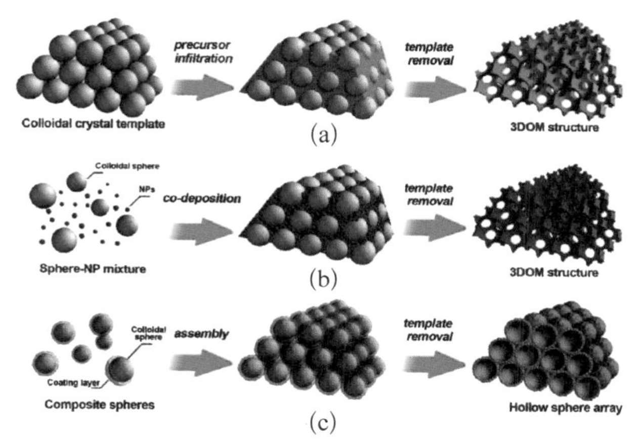

图1－12　以胶体晶体为模板制备三维有序大孔材料的典型方法[58]

以胶体晶体为模板制备的三维有序大孔材料因其所具有的周期性有序结构为材料带来了鲜艳的结构颜色。结构色的产生是由于光在折射率呈周期性分布的介质中衍射所致，并可通过调节材料的折射率和大孔孔径即晶格常数得到不同的结构色(图1－13)。因此，结构可调的三维有序大孔材料成为近年来人们研究的热点领域。

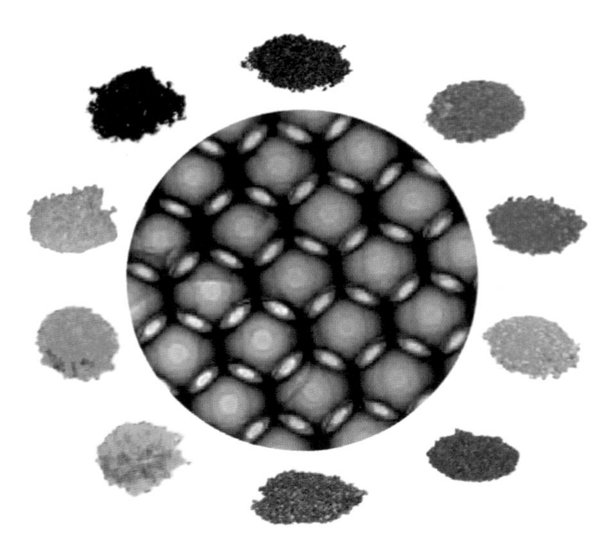

图 1-13　三维有序大孔结构的透射电镜照片(中央)，周围由不同孔径的有序大孔结构所呈现的不同结构颜色的光学照片组成[58]

基于以上理念，人们利用水凝胶材料的响应性特点，相继制备出了各种具有三维有序大孔结构的水凝胶材料[59-62]，用以对湿度[63]、pH[64]、温度[65]、压力[66-67]以及生物小分子[68-69]等具有光响应性的传感器件(图 1-14)。通过响应条件的改变转换成有序大孔结构周期性常数或折射率的变化进而实现相应的光响应而被直观地读出。清华大学李广涛课题组首次将分子印迹技术和离子液体技术引入到三维有序大孔结构材料的制备中，得到了对手性分子、特异蛋白质分子的快速检测以及对湿度、电场和阴离子的响应与识别[70-73]。东南大学顾忠泽课题组采用微流控技术制备了修饰有抗体分子的三维有序大孔结构的二氧化硅微球，通过特异性吸附抗原分子后光谱带隙的移动读出检测结果[74-75]。加拿大多伦多大学 Ozin 课题组制备了含有液晶弹性体的三维有序大孔聚合物薄膜，对其施以不同压力可以显示出不同的结构颜色，被成功用于指纹识别技术[66]。

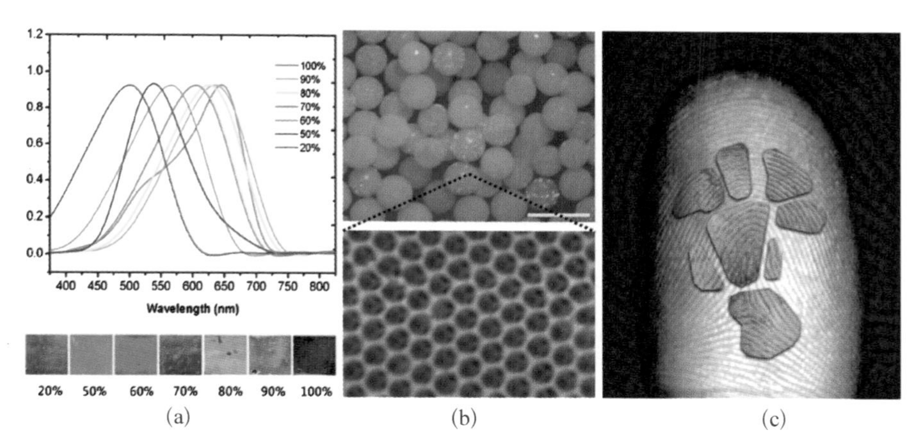

图1-14 三维有序大孔材料在(a) 湿度传感、(b) 分子检测和(c) 指纹识别领域应用[67, 73, 75]

1.3 多层次孔材料概述

多孔材料发展至今，微孔、介孔和大孔材料等单一孔材料在其结构、组成和合成方法等方面已取得了长足的发展，并广泛应用于催化、吸附和传感等领域。但单一孔材料都存在某种程度的缺点，例如微孔材料由于其孔道尺寸的限制对于大分子的催化反应往往无能为力；介孔材料由于自身较差的热稳定性和水热稳定性限制了其进一步的应用；大孔材料虽然物质传输效果好，但由于比表面积远不及微孔和介孔材料而大大削弱了材料的选择性能。因此，实际应用中需要将各层次孔材料的特点结合在一起来解决这些问题。多层次孔材料就是这样一类同时具有各层次孔结构的优势，又同时具有单一孔材料所不具备的特点。最常见的多层次材料是指材料中具有两级或两级以上的复合孔材料，如大孔-介孔，大孔-微孔，大孔-介孔-微孔，以及大孔-介孔-修饰基团（三态孔结构体系，trimodal pore system）。其中大孔结构是此类多层次孔结构材料一般均具有的基本结构单元，这是因为大孔材料在扩散、传质等方面显著优于其他单一孔材料。因此，制备具有大孔基本单元结构的多层次孔材料越来越成为人们研究的热点。本节对代表性的多层次孔材料的合成方法及其应用作简要综述。

1.3.1 多层次孔材料的合成概述

硬模板法是合成具有大孔基本单元的多层次孔结构材料的主要方法之一。常用的大孔模板材料有聚合物微球、无机盐、冰晶、大孔聚合物等。而微孔-介孔模板材料主要采用表面活性剂等小分子造孔剂等。在制备过程后期，牺牲模板后即可得到相应的多孔结构。美国明尼苏达大学的 Andreas Stein 课题组以聚苯乙烯小球为大孔硬模板，结合沸石分子筛合成技术和表面活性剂造孔技术先后制备了各种大孔-微孔，大孔-介孔材料（图 1-15）[76-78]。大孔在聚合物胶体晶体经高温煅烧后除去得到，微孔或介孔通过除去表面活性剂得到。这两种不同层次不同尺寸的孔结构同时存在，空间上高度有序且相互连通。类似的工作，美国加州大学的 G. D. Stucky 课题组[79]，德国马普学会胶体与界面研究所的

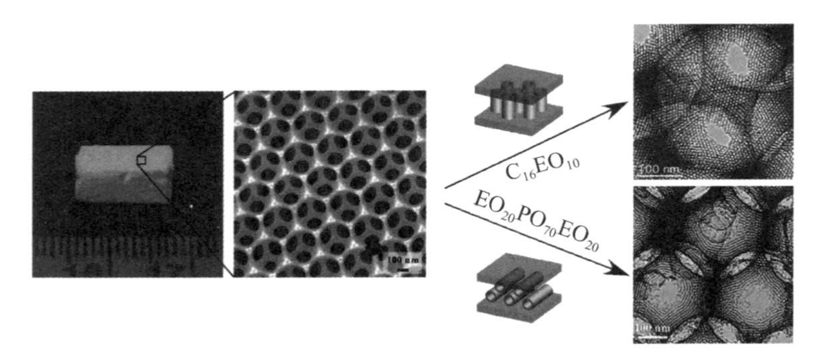

图 1-15 具有大孔结构的介孔材料形成机理示意图[58]

M. Antonietti 课题组[80-81]，复旦大学的赵东元课题组均有一系列相关的研究[82-83]。

2004 年，德国 Giessen 大学的 B. Smarsly 课题组利用苯乙烯微球作为大孔模板，非离子表面活性剂 KLE 和离子液体分别作为孔径较大介孔和孔径较小介孔模板剂得到了具有大孔-大介孔-小介孔的三层次多级孔材料(图 1-16)[84]。

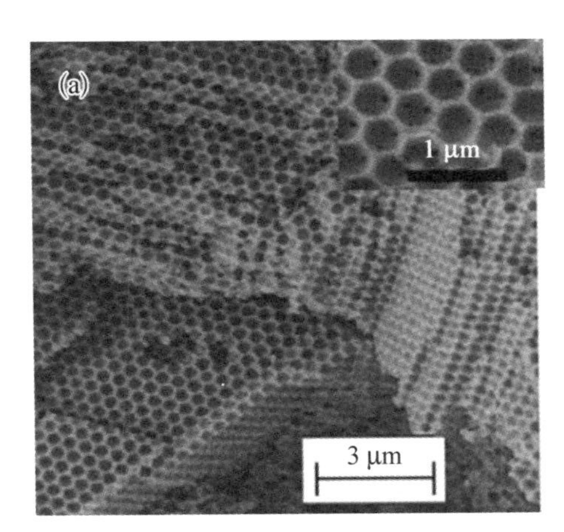

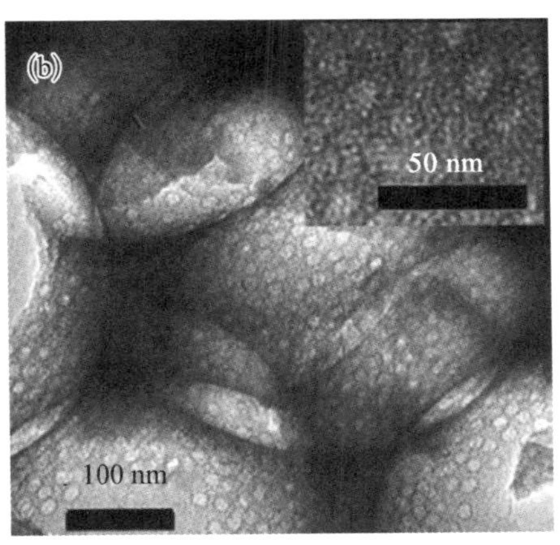

图 1-16 具有大孔-大介孔-小介孔结构的多层次孔材料。(a) SEM 图；(b) TEM 图[84]

一些具有大孔结构的聚合物材料如醋酸纤维素膜、聚酰胺膜以及聚合物泡沫等也可用做模板构建大孔-介孔材料(图 1-17)[84]。这种策略一般通过将含有硅源和介孔造孔剂的前驱体溶液渗入大孔材料中，待凝胶化作用完成后通过高温煅烧除去大孔模板后得到网络互穿的大孔-介孔材料。这种模板铸造方法成功复制了原有模板材料的大孔结构，在赋予材料优异的传质效果和大孔-介孔体系间的连通性的同时又通过其具有的介孔结构大大提高了材料的比表面积，因此非常适合于催化和分离等领域的应用。这方面的代表工作主要有德国马普学会胶体与界面研究所的 R. A. Caruso 课题组和复旦大学的赵东元课题组的一系列研究[83]。

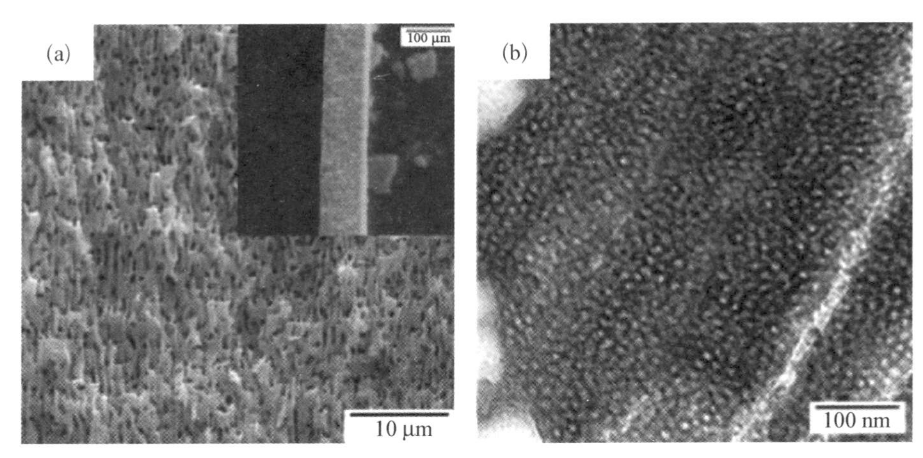

图 1－17　以纤维素膜为大孔模板的大孔-介孔结构孔材料。(a) SEM 图;(b) TEM 图[81]

非硬模板法合成大孔-介孔材料由比利时 Namur 大学的苏宝连课题组首先发明，通常在阳离子或阴离子表面活性剂存在的情况下，通过精细控制金属醇盐的自发水解速率，从而得到不同形貌的大孔-介孔金属氧化物材料[85-90]。这种大孔-介孔材料无需囊泡、微乳、胶体颗粒等作为大孔模板，通过简单的化学反应，一步实现了多层次材料的制备，在大孔材料发展史上具有里程碑式的意义[91-92]。

以上综述了一些典型的具有大孔基本单元的多层次孔结构材料，采用硬模板或者表面活性剂自组装的方式得到了具有大孔-介孔或者大孔-大介孔-小介孔结构的多层次材料。从另一个角度来看，除了可以按大孔-介孔-微孔的复合情况划分为不同层次的等级孔材料之外，将材料中的具有反应活性的功能基团纳入到多层次尺度中进行考察无疑将丰富材料的多级属性。从这个角度来看，电纺丝纳米纤维(Electrospun nanofibers)材料为构筑多功能、多层次结构材料提供了一个良好的平台[93]。

纳米纤维是一种理想的构筑基元，用以制备各种多功能、多层次结构材料，在纳米微观世界和宏观世界架起了相互关联的桥梁[94-96]。静电纺丝技术是目前制备微纳米纤维材料最重要的方法之一[97-99]。该技术的基本原理是利用带电荷的高分子溶液或熔体在静电场中流动或变形,经溶剂挥发或冷却固化后得到高分子纤维材料。电纺丝基本装置如图1-18所示。

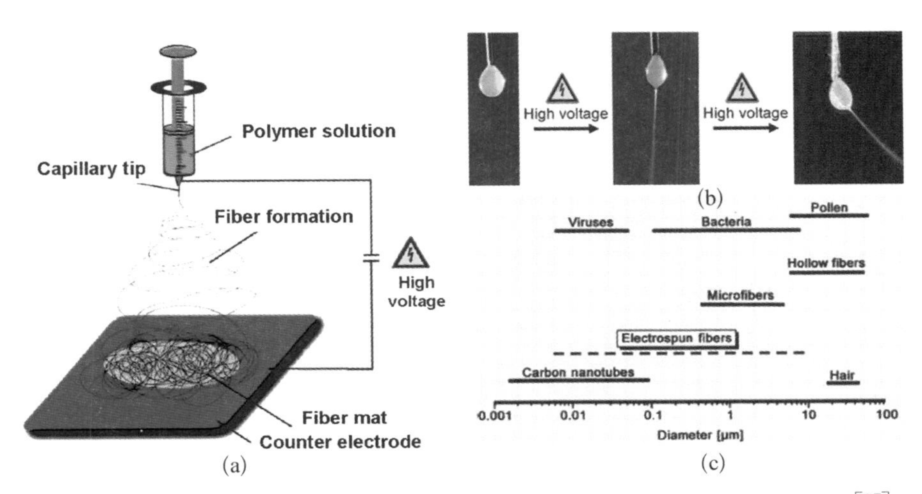

图1-18　(a) 电纺丝装置示意图;(b) 静电场下成丝过程;(c) 电纺丝纤维直径范围[97]

电纺丝纤维的主要特点有:① 纤维超长且直径粗细可调,从纳米到微米级纤维均可得到;② 可纺性强,几乎所有的高分子材料均可纺;③ 可修饰性强,纺丝所得纤维可通过物理沉积或化学修饰等方法进行各种后修饰处理。

基于以上特点,电纺丝微纳米纤维非常适合作为构筑多层次功能复合材料的基本单元。新加坡国立大学的Ramakrishna课题组在电纺丝材料制备和应用领域开展了多年的研究,认为采用电纺丝纤维作为基本单元,通过各种组织方式可以形成具有多层次结构的复合材料。如图1-19所示,第一层次是电纺丝纤维基础单元;第二层次是具有核壳结构的纤维复合体;第三层次是纳米纤维的表面修饰结构;第四层次是纳米纤维的自由组装体;最高层至第五层次是封装定型后具有一定整体结构和形貌的块体纤维材料[93]。

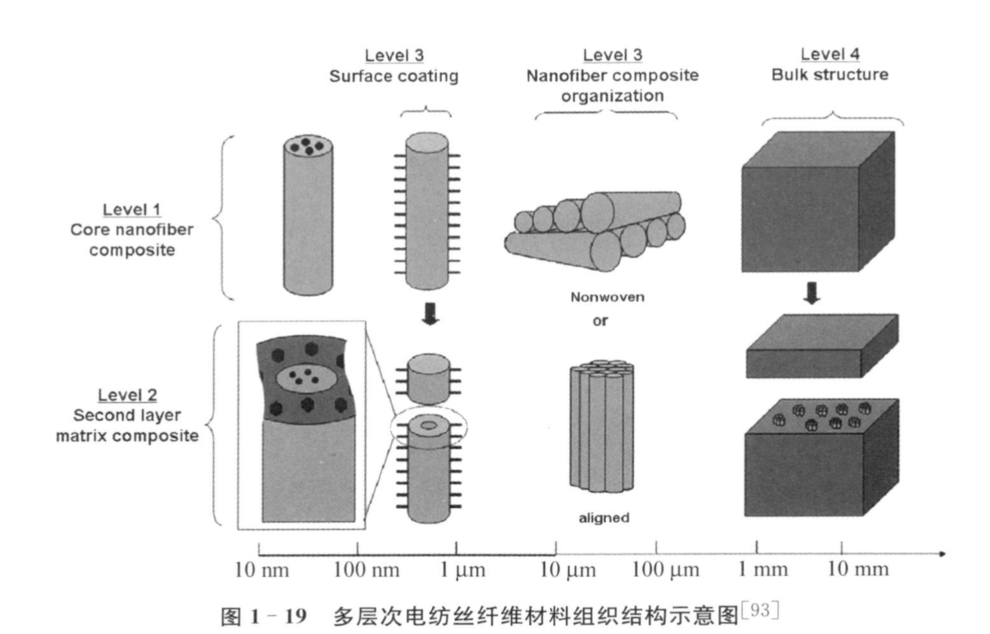

图 1-19　多层次电纺丝纤维材料组织结构示意图[93]

利用电纺丝技术制备多级孔材料具有一些独特的优势，由于电纺丝制备的微纳米纤维组装体本身具有明显的大孔体积，可以视为一种大孔材料。而多孔结构一直是人们研究电纺丝材料的一个重要方面。通过制备带有各种孔结构的电纺丝材料而拓展其比表面积，使电纺丝材料更适合于一些需要较大反应接触面积的领域。一些课题组相继报道了利用相分离原理、溶胶凝胶等技术制备了具有二级孔结构的电纺丝多孔纤维材料。例如，德国的 Wendorff 课题组发现以二氯甲烷作为溶剂制备的聚乳酸(poly-L-lactide，PLA)纤维表面存在长 250 nm、宽 100 nm 的多孔结构[图 1-20(a)]，并推测这种结构的形成主要是由于纺丝过程中纤维表面溶剂富集区和溶剂贫乏区的相分离造成[100]。美国华盛顿大学夏幼南教授课题组在利用共轴双管进样装置制备电纺丝 TiO_2 纳米纤维过程中也发现了由于外管中高分子聚苯乙烯溶液部分混合了内管中聚乙烯吡咯烷酮/钛酸异丙酯溶液，在高温煅烧除去聚合物之后得到了

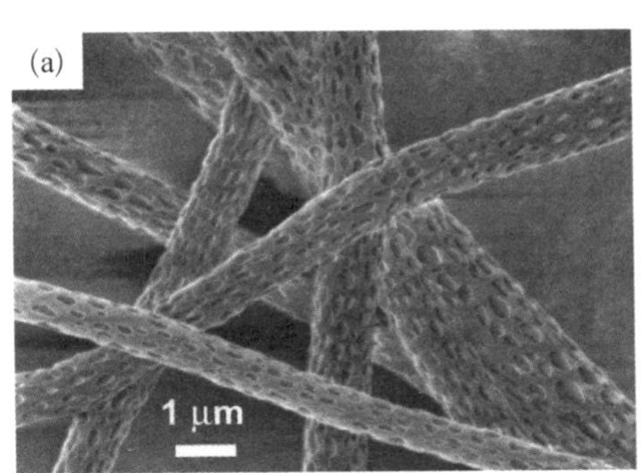

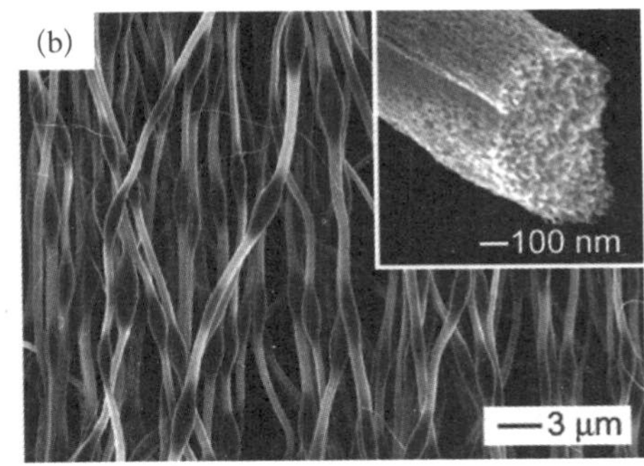

图 1-20 多孔电纺丝纤维材料 SEM 图[100-101]

多孔的 TiO_2 纳米纤维[图 1-20(b)][101]。

近年来,随着介孔材料技术的不断发展和成熟,一些课题组致力于将介孔结构纳入到电纺丝纤维材料中,其中美国的 Balkus 课题组、我国吉林大学的王策教授课题组[102-104]、山东大学陈代荣教授课题组在这方面开展了一些相关的工作。2003 年 Balkus 采用 Vitamin E TPGS 作为介孔结构导向剂,酸性条件下催化正硅酸四乙酯 TEOS 和正硅酸四甲酯 TMOS 缓慢水解,从而得到具有一定黏度适合纺丝的 DAM-1 前驱体溶液。采用 Vitamin E TPGS 和非离子表面活性剂 P123 作为介孔的双结构导向剂,酸性条件下催化 TEOS 和 TMOS 缓慢水解,从而得到具有一定黏度适合纺丝的 SBA-15 前驱体溶液。在 20 kV 的高压静电驱动下收集得到丝状纤维并通过高温煅烧除去表面活性剂后。SEM 图显示出通过这种方法得到的 SiO_2 微米级纤维形貌不均匀,成丝性较差。XRD 和 TEM 结果显示纤维结构呈现部分有序的介孔材料性质[图 1-21(a),(b)][105-106]。这是第一次利用电纺丝技术得到具有介孔结构的微纳米纤维。随后 2005 年,Balkus 又报道了采用非离子表面活性剂 P123、F127 和 Brij 76 作为介孔的结构导向剂,同样在酸性条件催化金属氯化物(VCl_3,$NbCl_5$,$TaCl_5$)和金属醇盐 $Ti(OC_4H_9)_4$、$Nb(OC_4H_9)_4$ $VO(OC_3H_7)_3$ 水解得到适合纺丝的前驱体溶液。在一定电压的静电场作用下形成纤维结构薄膜，再通过高温煅烧除去表面活性剂从而得到具有介孔结构的 Ta_2O_5 和 $TaNbO_5$ 纤维以及晶态的 $VTiO_2$ 和 Nb_2O_5 纤维[图 1-21(c)，(d)]。但是这些纤维的形貌仍然较差，材料的比表面积不及传统的介孔材料，不超过 200 m^2/g[107]。

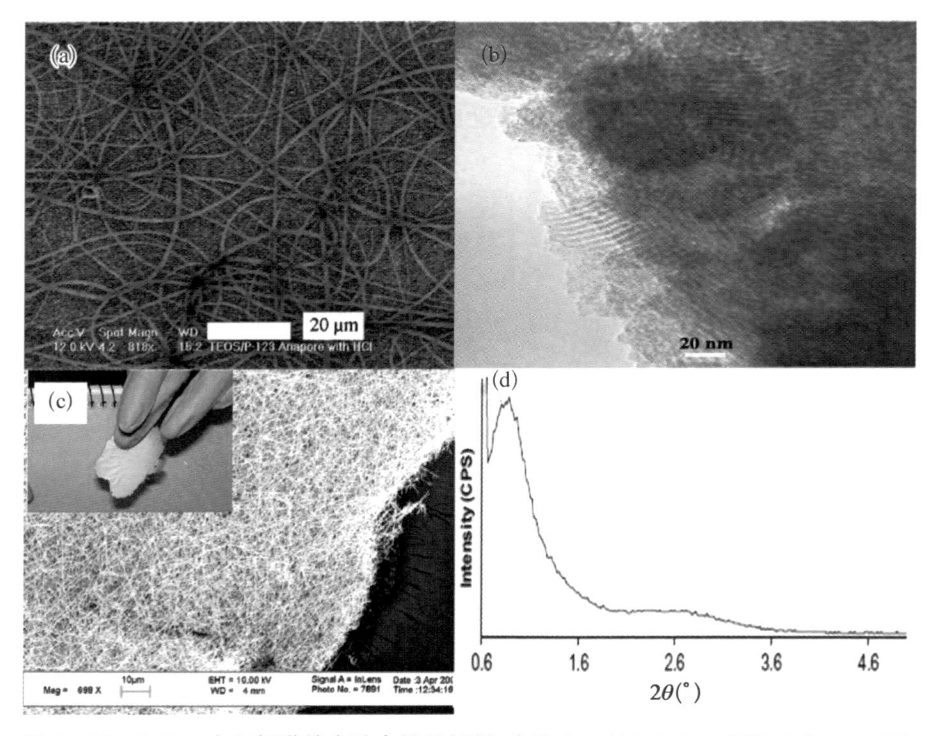

图 1-21　Balkus 小组报道的介孔电纺丝材料，介孔 SiO_2 的(a) SEM 图和(b) TEM 图；(c) 介孔 Ta_2O_5 的数码照片和 SEM 图和(d) 小角 XRD 图[105，107]

山东大学陈代荣教授课题组利用共轴双管进样电纺丝装置制备具有中空结构的介孔 TiO_2 纳米纤维。实验中采用嵌段共聚物 P123 作为表面活性剂介孔模板，钛酸四丁酯作为钛源。所得到的中空 TiO_2 纳米纤维壁厚约为 300 nm，外径约为 2～4 μm(图 1-22)。TEM、

XRD和 N_2 吸附-解吸等测试结果表面该材料为较典型的二维六方介孔结构,介孔孔径约为6~7 nm,比表面积和孔体积分别为208 m^2/g 和0.48 cm^3/g[108-109]。

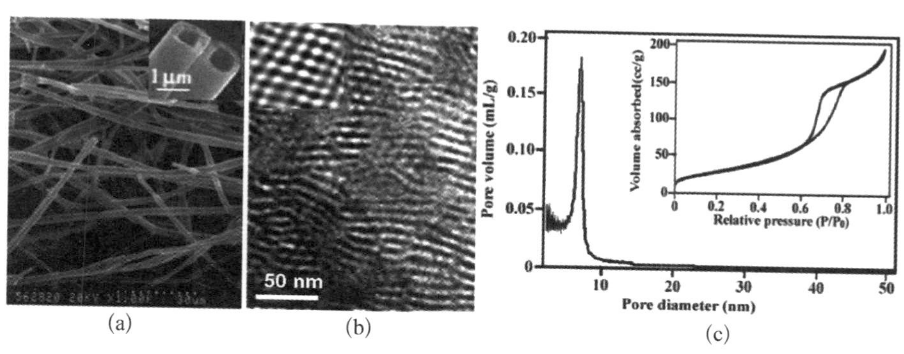

图1-22 中空介孔纤维的(a) SEM图、(b) TEM图和(c) N_2 吸附-解吸及孔径分布图[109]

1.3.2 多层次孔材料的应用

多层次孔材料因具有从微观尺度到宏观尺度上多级的孔道结构,配合材料中具有反应活性的功能基团,可统称为多层次材料。特别是具有大孔基本单元结构的多层次材料由于具有高的传质能力,以及较大的接触面积和反应位点,在催化、分离、吸附、传感以及电极材料等领域中具有巨大的应用价值。

在催化领域,具有高比表面积和大孔-介孔、大孔-微孔或介孔-微孔结构的分子筛材料有利于反应物的扩散,成为异相催化反应中重要的载体和催化剂。例如具有介孔结构的沸石分子筛表现出较传统单一微孔分子筛更好的催化活性和选择性。采用油水乳液和嵌段共聚物作为模板制备得到的具有相互连通的大孔以及介孔孔壁的硅铝酸盐材料在各种苯基烷基化反应中显示出优异的催化性能[110]。相比于传统的单一介孔材料和微孔分子筛材料,这种具有大孔-介孔结构有利于反应物和产物的扩散。具有大孔-介孔结构的 TiO_2 光催化材料由于多级孔结构的存在，大大降低了内扩散阻力并增强了光吸收效率显示出更高的催化活性[111]。

在燃料电池电极材料领域，传统的氧化燃料电池电极材料通常是致密晶态的金属氧化物陶瓷，这种材料一般具有较小孔径和低比表面积。制备具有较大孔体积和高比表面积的电极材料可提高气态反应物的扩散和降低电化学吸附位阻从而可降低燃料电池的操作温度。例如采用聚苯乙烯小球和二氧化硅颗粒作为共模板制备的具有有序大孔-介孔结构的碳材料具有 317 nm 的大孔和 10 nm 的介孔孔道[图 1 - 23(a)]。将其负载催化剂 Pt - Ru 后应用于甲醇燃料电池的催化反应时，其对甲醇氧化的催化效率显著高于商业的 E - TEK 和 XC - 72 催化剂。在接近常温的 30℃下仍保持很高的电流密度和功率[图 1 - 23(b)][112]。

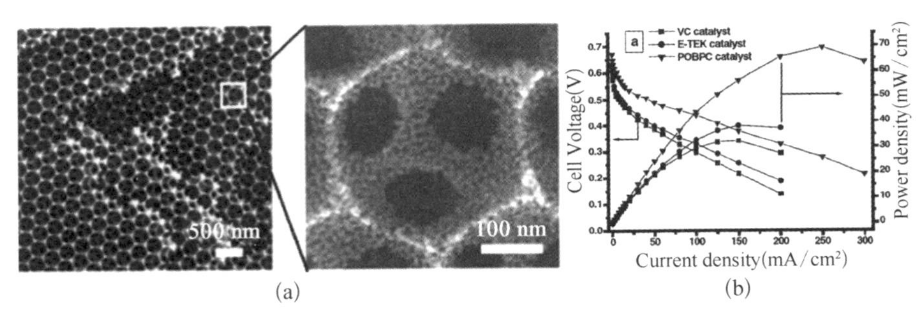

图 1 - 23 (a) 大孔-介孔碳材料的 SEM 图；(b) 用于甲醇燃料电池催化剂载体极化曲线[112]

在色谱分离领域，传统的高效液相色谱填充物是硅胶颗粒。而通过相分离方法制备的具有连续大孔结构的多级孔二氧化硅材料用作高效液相色谱固定相填充材料时，相比于传统的颗粒柱填充材料显示出优异的分离性能，所产生的高柱效和低压降的效果归结于材料的多级孔结构[113]。

在膜分离领域，具有大孔结构的多级孔膜材料对气体和液体的传质效果大大优于单一孔膜材料。这些多级孔膜材料在大分子分离、催化、膜过滤和生化培养等领域具有潜在的应用价值[114]。

在传感器领域，通过传感单元分子的设计合成，综合运用纳米铸造技术、溶胶-凝胶技术、分子印迹技术，以及提拉膜技术所制备的在分子、纳米及微米三个层次尺度上具有孔结构的二氧化硅复合薄膜体系表现出对典型爆炸物 TNT 分子的选择性识别，具有高响应性、高灵敏度、高选择性、高稳定性的化学传感性能。这种优异的传感性能可以归结为三层次的多孔结构：大孔结构的高通透性可以保证材料具有快速的响应性能，介孔结构的吸附富集作用可以提高薄膜的检出能力，分子印迹结构可以提高传感材料的选择识别性[115]。

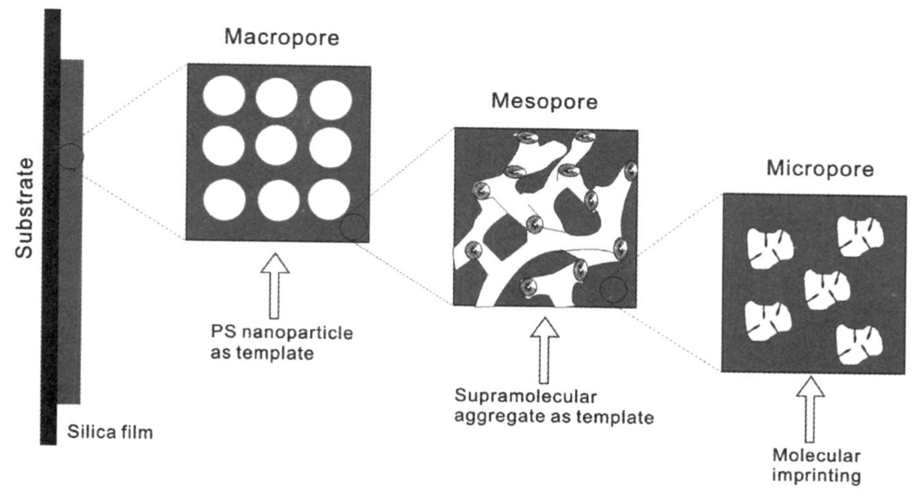

图 1-24 具有分子识别功能的三层次孔结构多孔薄膜结构示意图[115]

多级孔复合的电纺丝纤维材料作为多层次材料的一种，在光催化、吸附分离以及传感领域也显示了诸多应用前景。B. Smarsly 课题组将微孔结构的金属有机框架化合物 ZIF-8 的纳米颗粒和 PVP 混纺得到了具有大孔-微孔结构的 ZIF-8/PVP 纤维薄膜。相比于粉体的微米级 ZIF-8 颗粒材料，气体在 ZIF-8/PVP 纤维薄膜的扩散速率有一定提高[116]。将 Au 或 Ag 纳米颗粒负载于具有大孔-介孔结构的电纺丝纤维中则表现了优异出电化学性能和对有机染料分子的催化降解能力[117]。

1.4　研究目标和总体思路

自然界中,在多层次尺度上(Multiple Length Scales)具有孔洞结构以及多作用点的材料普遍存在。然而,用合成手段来构建这类材料并赋予一定功能却是一项极富有挑战性的研究课题。由于在催化、分离、吸附、传感以及电极材料等领域中的巨大潜在用途,发展在各个层次尺度上具有孔结构材料的研究已成为目前极为活跃的前沿研究领域。如前所述,尽管单一孔结构材料在合成、形貌和应用的方面取得了一定的进展。然而在很多领域单一孔材料各有优缺点,因此迫切需要根据材料本身的特点和应用需求选择性地综合各级孔材料的特点,构建多层次结构材料。

本课题的研究目标是设计并制备具有多层次结构的新型功能材料。基于这一研究目的,本书从以下三个方面开展研究工作并分四章进行介绍:

1. 基于静电纺丝技术平台并结合表面活性剂诱导造孔技术,制备具有多层次(大孔-介孔-作用位点)的硅基功能吸附膜材料。

2. 基于静电纺丝技术平台制备具有二级孔(大孔-微孔)结构的金属有机框架化合物(MOFs)膜材料,并考察其对不同气体的渗透分离性能。

3. 基于胶体晶体阵列制备具有蛋白石和反蛋白石光子晶体结构的金属有机框架化合物薄膜(大孔-微孔),并考察其对有机客体分子的响应特点。

1.5　研究采用的表征方法及测试手段

1. 场发射扫描电镜(SEM)：采用德国LEO－1503场发射扫描电子显微镜观察，观察之前在样品表面镀上一薄层的金，以增加其表面导电性，加速电压为10 kV。

2. 高分辨透射电镜(TEM)：采用日本JEOL公司JEM－1200高分辨透射电子显微镜观察，观察之前将样品超声均匀分散于乙醇中，将含有待测样品的乙醇溶液滴在镀有碳膜的铜网上，待乙醇完全挥发后放入电镜中观察，加速电压为120 kV。

3. X射线衍射(XRD)：采用日本Rikagu 2500 D/max型衍射仪测定，单色器为Cu靶Kα线(λ= 0.154 18 nm)，工作电压40 kV，工作电流100 mA，扫描速度视样品情况设定为1°～6°/min。

4. N_2吸附-解吸测试：采用美国Micromeritics ASAP 2010M分析仪自动完成。样品测试前视样品情况在100～200℃条件下预处理12 h，比表面采用BET方法计算，介孔孔径孔容采用BJH方法计算，微孔孔径孔容采用HK方法计算。

5. 压汞测试：采用美国Micromeritics AutoPore IV 9500 Series压汞仪自动完成，用以表征较大孔径材料的孔隙数量以及孔径的大小。

6. 红外光谱(IR)：采用美国Perkin-Elmer Spectrum One傅立叶转换红外光谱仪(FTIR)测定，样品采用KBr压片(样品占1 wt%)，测试区间为400～4 000 cm^{-1}，扫描速度4 cm^{-1}/min。

7. 紫外可见光谱(UV－Vis)：采用美国Perkin－Elmer Lambda 35紫外-可见吸收光谱仪和Ocean Optics USB2000微区紫外-可见反射光谱仪的测定。

8. 气相色谱(GC)：气体组分分析采用美国岛津 SHIMADZU GC－8A 气相色谱仪配以热导检测器(温度 100℃)，TDX－01 检测柱(柱温 40℃)。

9. 组分分析：① 元素分析(Element Analysis)采用德国 Vario EL 元素分析仪测定，CHNS 模式；② 电感耦合等离子体(ICP)发射光谱分析采用美国 Optima 2100 DV 测定；③ X 射线光电子能谱(XPS)分析采用美国 PHI5300 ESCA 测定，Al Kα 光源，工作功率 250 W；④ X 射线能量色散谱(EDS)分析采用英国 Oxford Instruments EDS 能谱仪测定。

第2章 基于电纺丝技术的多层次结构 SiO_2 纤维膜的制备及性能研究

2.1 本章引论

水是人类赖以生存的重要资源，直接关系到人类社会的可持续发展。近年来，随着工业化和城市化进程的不断加快，环境污染问题也呈现出越来越严重的态势。特别是在发展中国家和一些新兴经济体，水资源短缺的矛盾更加突出，水资源污染状况更加严重。大量有毒污染物如重金属、持久性有机污染物(POPs)和病原微生物被排入环境系统中，导致了一系列严重的环境污染问题。重金属是水体以及土壤的主要污染源之一，处理重金属污染的方法较多，吸附法是去除重金属离子比较有效的一种方法。

多孔材料常用于吸附、催化和分离等领域，因此可以被用作重金属吸附材料。自从 1992 年 MCM 系列介孔材料被报道以来，各种粉体、薄膜和纤维态介孔材料相继被研究者制得。随后各种功能化介孔材料被合成并应用于催化、吸附和分离等领域。然而现有制备的功能化介孔材料多为粉体或块体形态，存在易聚集、难回收和由于吸附过程中传质阻力较大而导致的吸附速度较低等问题。

静电纺丝是一种可以方便制备微纳米尺度纤维的技术。由于电纺丝技术具有操作简单、成本低、产率高以及安全环保等特点，是目前用来制备各种形态的微纳米纤维和功能复合材料的重要方法。绝大多数可溶性的高分子聚合物均可纺丝，人们可以通过采用不同的纺丝装置或者控制纺丝条件得到不同组装形态的纤维膜材料。电纺丝技术制备微纳米纤维的一个显著优势在于可以高效的制备具有较大比表面积和具有三维网状结构的纤维膜材料。这种三维大孔结构使得材料的传质能力较粉体或块体材料有较大提高，但单纯的电纺丝微纳米纤维的比表面积仍无法与介孔或微孔等典型的多孔材料相媲美。因此，研究者在制备具有自支撑结构和大表面积微介孔结构的电纺丝纤维材料等方面开展了大量的相关工作。采用静电纺丝技术，研究人员制备出一系列具有介孔结构的二氧化硅和金属氧化物的微纳米纤维。通常情况下，由于在纺丝溶液常添加一些用于优化纺丝溶液可纺性的高分子聚合物如 PVP（聚乙烯吡咯烷酮），PVA（聚乙烯醇）和 PMMA（聚甲基丙烯酸甲酯）等，造成高温煅烧后材料的孔性能明显下降[103-104, 106, 118-121]；而对于设计制备有机官能团功能化的介孔电纺丝纤维材料时，由于无法通过高温煅烧等方式除去附加的高分子聚合物，因此这种混纺方法在制备功能化介孔电纺丝材料时存在着明显的技术壁垒。

本章中，通过采用非离子表面活性剂同时也是高分子的三嵌段聚合物 F127 作为介孔造孔剂和纺丝溶液黏度调节剂，结合双硅源共缩聚和溶剂挥发诱导自组装（EISA）技术，一步法制备了自支撑的巯基化介孔二氧化硅纤维膜材料。我们对纤维膜进行了一系列的结构表征并利用重金属离子 Cu^{2+} 作为模型对象，考察了所制备的具有多层次结构（三维大孔-介孔-巯基官能团）SiO_2 纤维膜材料在动态高通量条件下对 Cu^{2+} 的吸附与富集情况。

2.2 实验部分

2.2.1 实验试剂

正硅酸乙酯（Tetraethyl orthosilicate，TEOS），γ－巯丙基三甲氧基硅烷（3－Mercaptopropyltrimethoxysilane，MPTMS）购于 Aldrich；非离子表面活性剂 F127（$EO_{106}PO_{70}EO_{106}$，平均分子量 12 600）购于 Alfa Aesar；无水乙醇（C_2H_5OH），硝酸铜[$Cu(NO_3)_2 \cdot 3H_2O$]，盐酸（HCl），硝酸（HNO_3），氢氧化钠（NaOH）均为分析纯，购于国药北京化学试剂公司。以上药品使用前没有经过纯化。实验过程中所用水为超纯水。

2.2.2 纺丝溶液的制备

将 F127 溶于无水乙醇中，加入少量超纯水后置于圆底烧瓶中在室温下搅拌 10 min，之后缓慢加入 HCl 水溶液（1.0 mol/L）并继续搅拌30 min。随后将 TEOS 和 MPTMS 缓慢加入，最终混合溶液中 TEOS：F127：水：HCl：乙醇：MPTMS 按摩尔比为 1：0.003 0：3.0：0.01：5：0.1。将混合溶液在 60℃下加热回流 2 h，之后敞口加热到 80℃并维持在此温度 30 min，然后自然冷却至室温，得到澄清透明黏稠的溶胶用于纺丝。

2.2.3 纤维膜的制备

如图 2－1 所示，将配置好的纺丝液置于 10 mL 的玻璃注射器中，注射器针头为不锈钢材质，内径约为 0.8 mm。以注射器针尖为阳极，铝箔为收集板和阴极，阳极和阴极间距离固定为 15 cm，两极间所加静电电压为 15 kV，以注射泵推动注射器内溶液向外流动，推进速率设定为 0.5 mL/min，在收集板上可得到均匀分布的电纺丝纤维薄膜。纤维膜的后处理采用如下方法：将上述电纺丝纤维膜置于空气中 24 h 以进一步水解，最后在 60℃条件下真空干燥 48 h。采用两种方法提取表面活性剂 F127：① 高温煅烧，将样品置于管式炉中，以 2℃/min 从室温升温至 550℃，并在该温度下保持 4 h 以完全除去表面活性剂 F127；② 溶剂浸提，将样品置于索氏提取装置中，乙醇回流提取 24 h。提取模板后的纤维薄膜样品置于干燥器中备用。

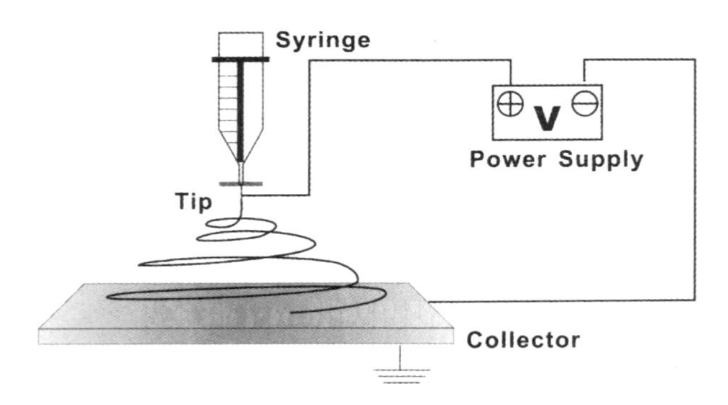

图 2-1　电纺丝装置示意图

2.2.4　纤维膜对 Cu^{2+} 的动态吸附实验

本章中主要考察动态吸附条件下纤维膜对 Cu^{2+} 的吸附性能，采用的是循环吸附模式。将提取模板后的巯基化电纺丝纤维薄膜裁剪成直径约 25 mm 的圆形膜片，称重后置于聚丙烯材质的平板膜过滤器中，过滤器使用前经过稀硝酸浸泡，超纯水洗净后干燥备用。配制 45 mL 1.0 mmol/L 的 $Cu(NO_3)_2$ 溶液，并用稀 NaOH 和稀 HNO_3 溶液调节体系 pH 为 5.0 左右，将溶液通过蠕动泵驱动方式循环流过装有巯基化电纺丝纤维薄膜的平板膜过滤器，循环速度为 4.6 mL/min，循环吸附时间设定为 60 min，见示意图 2-2。循环结束后，采用 ICP-AES 测定溶液中 Cu^{2+} 浓度。对比实验采用定性滤纸同等条件下考察其对 Cu^{2+} 的吸附性能，滤纸使用前用纯水浸泡干燥后备用。

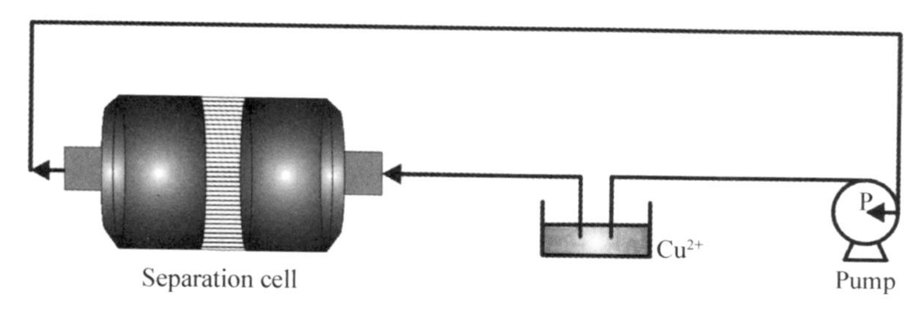

图 2-2　实验中循环吸附装置示意图

循环吸附模式下，膜通量 f[L/(m^2 · h)]根据式(2-1)计算：

$$f = \frac{V}{S \times t} = \frac{J}{S} \tag{2-1}$$

式中，V 为纤维膜的渗透量(单位为 L)；S 为纤维膜的有效面积(单位为 m^2)；t 为循环吸附时间(单位为 h)；J，纤维膜单位时间内的渗透量(L/h)，由装置中的转子流量计校准并测定。

循环吸附模式下，纤维膜对 Cu^{2+} 的吸附量 q(mg/g)根据式(2-2)计算：

$$q = \frac{(C_0 - C_t)V}{m} \tag{2-2}$$

式中，q 为每克纤维膜吸附的 Cu^{2+} 质量，Cu^{2+} 的质量以毫克计(q 的单位为 mg/g)；C_0 为 Cu^{2+} 溶液的初始浓度(单位为 mg/L)；C_t 为吸附结束后 Cu^{2+} 溶液的浓度(单位为 mg/L)；V 为 Cu^{2+} 溶液体积(单位为 L)；m 为纤维膜重(单位为 g)。

2.3　结果与讨论

2.3.1　纤维膜的制备和表征

我们利用传统溶胶凝胶法制备了含有 MPTMS 和 TEOS 共缩聚得

到的 Si－O－Si 预聚体和表面活性剂 F127 的溶胶液。由于其具有一定的黏度，我们直接利用该溶胶纺丝制得含有模板剂 F127 的巯基功能化 SiO_2 纤维。实验中我们发现纺丝液中 F127 的含量对成丝形貌有较大影响。当纺丝液中 F127 的摩尔比值低于 0.003 0 时，在收集板上收集到的纤维膜稳定性较差。在光学显微镜下观察，纺丝初期收集板上可以得到典型的纤维状丝结构[图 2－3(a)]，但只能保持较短的一段时间。随着在空气中暴露时间的增加，丝和丝之间逐渐交联溶解，纤维丝状结构逐渐被破坏[图 2－3(b)]。12 h 后纤维结构彻底解体成为胶状膜，纤维丝状结构不复存在，从而无法得到自支撑的纤维膜[图 2－3(c)]。而当纺丝液中 F127 的摩尔比值达到 0.003 0 时，溶胶的可纺性大大提高。在收集板上收集到的纤维膜稳定性也较好，在空气中暴露 12 h 后纤维结构仍能完整保持[图 2－4(a)]。经过一段时间的纺丝后，可以制备出大面积自支撑的纤维膜[图 2－4(b)]，且纤维膜的厚度可以通过控制纺丝的时间进行调节。当纺丝液中 F127 的摩尔比值超过 0.003 0 时，由于纺丝液的黏度大大增加使得溶胶的可纺性大大降低，基本无法在收集板上得到纤维状丝结构，且纺丝过程中针头处出现严重的堵塞现象导致实验无法进行。

为了得到具有介孔结构的电纺丝纤维膜，需要除去其中所含的表面活性剂 F127。出于不同的考察目的，我们分别采用了程序升温煅烧和

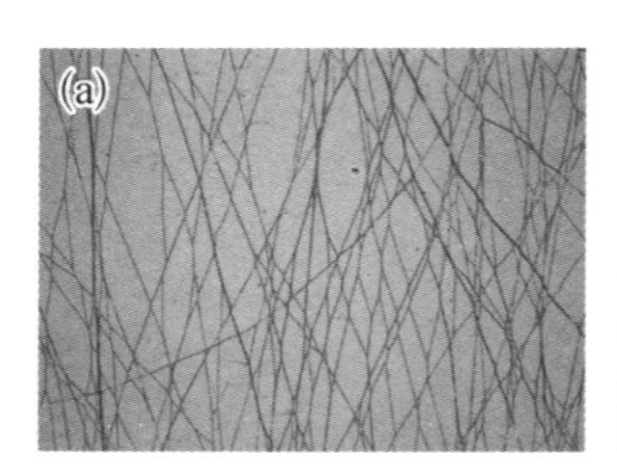

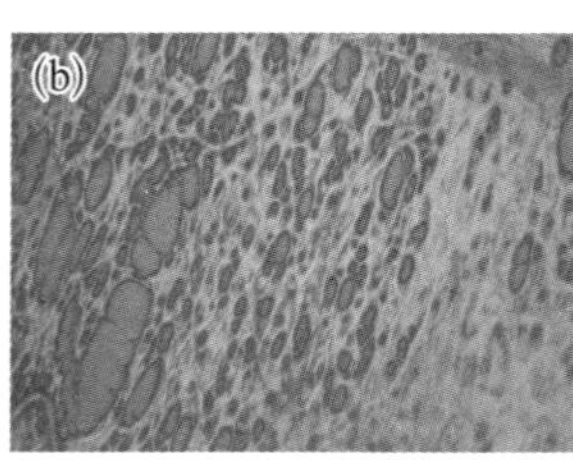

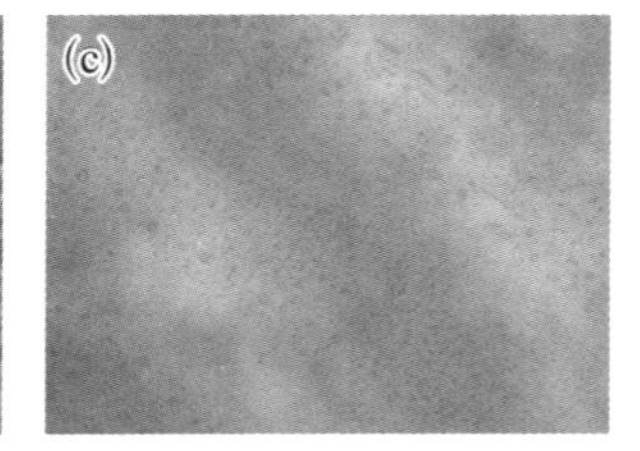

图 2－3　纺丝液中 TEOS：F127：水：HCl：乙醇：MPTMS 按摩尔比为 1：0.002 0：3.0：0.01：5：0.1 时得到的纤维形态变化。(a) 纺丝初期；(b) 空气中暴露 6 h；(c) 空气中暴露 12 h 的光学显微镜照片，放大倍数为 100 倍

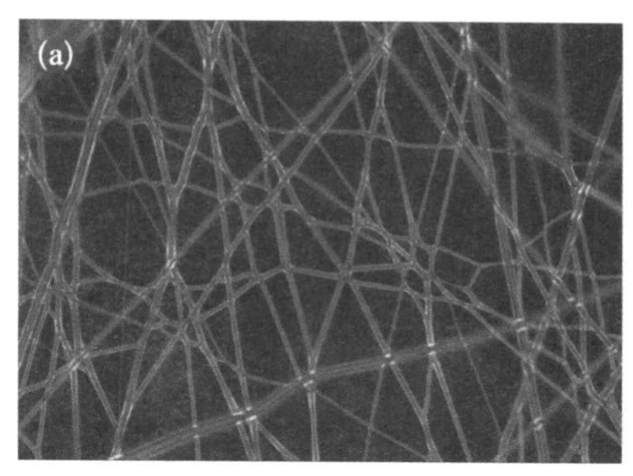
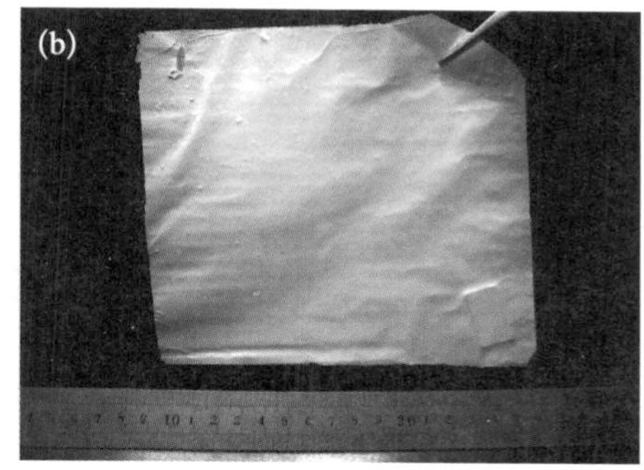

图 2-4　纺丝液中 TEOS：F127：水：HCl：乙醇：MPTMS 按摩尔比为 1：0.003 0：3.0：0.01：5：0.1 时得到的纤维形态。(a) 空气中暴露 12 h 的光学显微镜照片，放大倍数为 500 倍；(b) 大面积自支撑纤维膜

溶剂萃取两种方法。程序升温煅烧可以将材料中所含有的表面活性剂有机成分完全除去，促进未水解完全的硅基材料进一步脱水晶化为 SiO_2，这样可以最大程度地反映材料的多孔性能。但对于含有有机官能团的功能化硅基材料，高温煅烧会使材料丧失目标功能性。而溶剂萃取法利用表面活性剂有机成分可溶于有机溶剂的特点，采用索氏提取的方法可以除去电纺丝纤维材料中的表面活性剂。虽然溶剂浸提的方法对表面活性剂的脱除效果往往不及高温煅烧，但可以有效保留功能化硅基材料中含有的有机官能团，为功能化材料的进一步应用提供了必要条件。而且高温煅烧处理后纤维膜质地较脆且有机官能团被完全破坏，因此我们采用通过溶剂浸提脱除模板剂得到的功能化纤维膜进行下一步的动态吸附性能测试。

图 2-5(a)，(b)分别是高温煅烧前后电纺丝纤维的 SEM 图；图 2-5(c)，(d)分别是溶剂浸提前后电纺丝纤维的 SEM 图。从图中可以看到纺丝得到的纤维表面光滑，没有串珠或纺锤体等其他形态。通过高温煅烧和溶剂浸提后，纤维直径略有降低，约为 1 μm，这是因为样品中有机组分 F127 被选择性脱除所致。

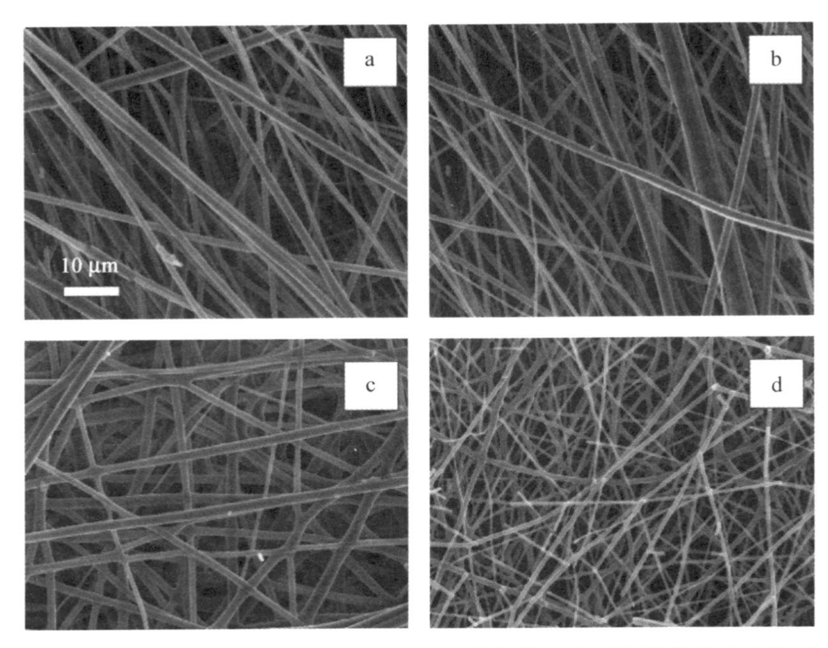

图 2-5　电纺丝纤维的 SEM 图。(a) 高温煅烧前；(b) 高温煅烧后；(c) 溶剂浸提前；(d) 溶剂浸提后，各图中标尺统一为图 2-5(a)中所示

图 2-6(a)，(b)分别是高温煅烧后和溶剂浸提后得到的电纺丝纤维的透射电镜(TEM)图。从图中可以看出，无论是采用高温煅烧还是溶剂浸提的方法除去表面活性剂 F127 后，所得到纤维中均存在蠕虫介孔结构，介孔孔径和孔壁约为 4 nm 和 4.5 nm。且高温煅烧得到的纤维介孔结构更加典型，这可能由于高温条件下的二次结晶作用所致。

从高温煅烧所得到的电纺丝纤维的 N_2 吸附-解吸等温曲线中可以观察到滞后环[图 2-7(b)]，这也证明了纤维的介孔结构。样品的 BET 比表面积约为 120.86 m^2/g，明显高于传统的聚合物电纺丝材料，如电纺丝聚环氧乙烯(PEO)纤维膜，其比表面积约为 10～20 m^2/g[122]；电纺丝尼龙 6 纤维膜，其比表面约为 9～51 m^2/g[123]。小角 XRD 同样给出了样品的介孔结构信息。XRD 谱图中显示，在 $2\theta=0.91°$处有一结晶峰，对应晶面指数 d 值为 9.3 nm。据文献报道，当小角 XRD 谱图中存

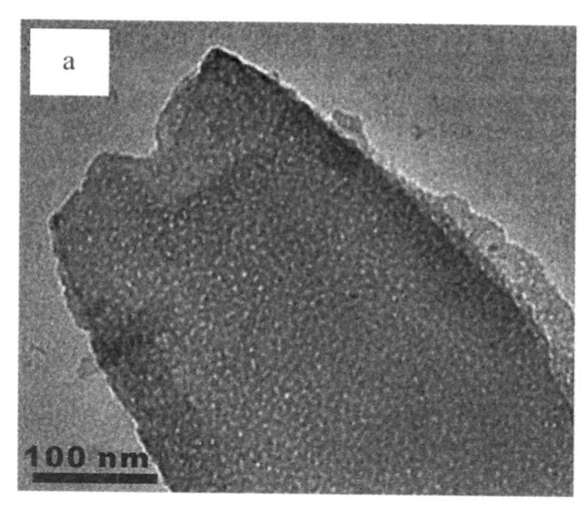

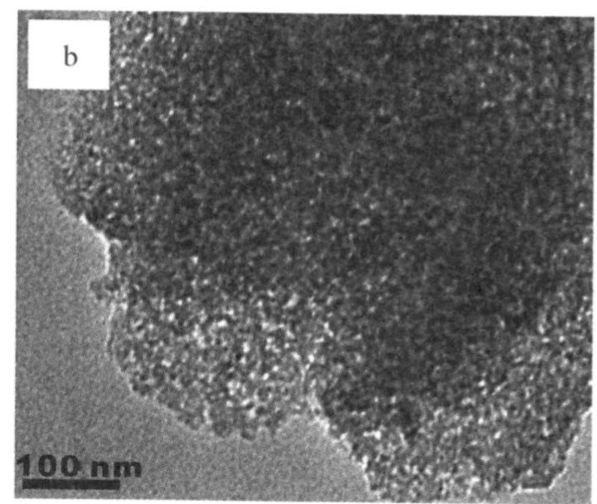

图 2-6　电纺丝纤维的 TEM 图。(a) 高温煅烧后；(b) 溶剂浸提后

在衍射峰较宽或强度较低的峰型时，其对应的材料介孔结构一般为无规则的蠕虫孔道。这可能是由于高温煅烧过程或溶剂浸提过程中介孔结构的部分收缩和塌陷所导致。

虽然从 TEM 结果中我们直观地观察到了典型的蠕虫孔洞结构的存在，但是所得到的材料的比表面积和传统的介孔材料存在一定的差距。一些相关文献报道的电纺丝介孔纤维材料中也存在类似的情况，即无法得到大比表面积和高度有序介孔结构。而本实验中，我们也观察到了类似的“从有序到无序”现象，即制备好的纺丝溶胶若不经过电纺丝环节而是通过传统的溶剂挥发诱导自组装(EISA)方法，老化后高温煅烧去除表面活性剂得到相应的粉体介孔材料，其比表面积大大高于同样的纺丝溶胶经过电纺丝环节制得的纤维材料。图 2-7 对比了相同的前驱体溶胶经传统方法和电纺丝方法得到的 SiO_2 材料的 N_2 吸附-解吸等温曲线、小角 XRD 谱图和 TEM 图。从图中我们可以看出，纺丝前溶胶制得的粉体材料具有典型的介孔材料特征，如小角 XRD 谱图中存在较窄且较强的峰型和典型的介孔材料 N_2 吸附-解吸等温曲线。测试结果显示由纺丝前溶胶制得的粉体介孔材料 BET 比表面积为 418.4 m^2/g，明显高于由该溶胶经纺丝制得的纤维材料。相关的数据列于表 2-1 中，

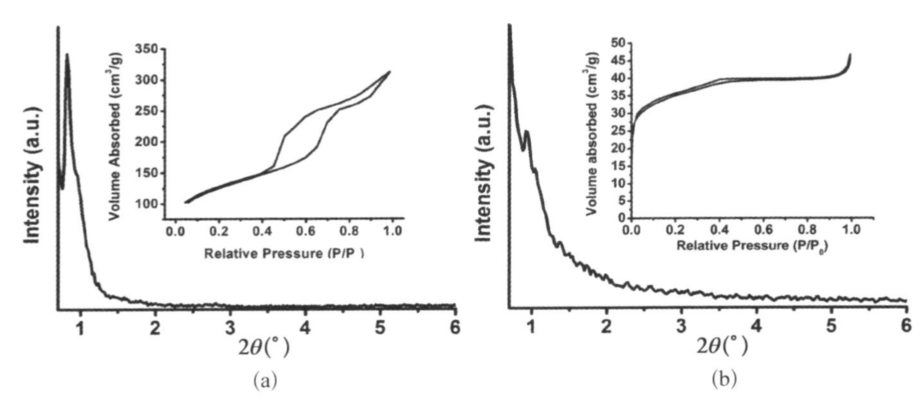

图 2-7 小角 XRD 谱图和 N_2 吸附-解吸等温曲线。(a) 纺丝前溶胶制备并高温煅烧得到的粉体 SiO_2 材料;(b) 相同溶胶纺丝后经高温煅烧得到的电纺丝纤维材料

由此可见电纺丝过程对有序介观相的形成存在不利影响。我们认为电场作用和纺丝过程中溶剂的快速挥发是导致有序介观相被破坏的主要原因。一方面,在制备纺丝溶胶过程中,硅物种和高浓度的表面活性剂F127之间相互作用形成的有序介观相在纺丝的过程中被高压静电场所破坏,原先形成的有序介观胶束结构变为无序或部分无序;另一方面,由于纺丝过程中溶剂乙醇在短时间内快速地挥发使得预水解的硅源之间自组装程度远远不如传统 EISA 方法,导致原有形成的介观相去除表面活性剂时发生较为严重的破坏,造成了我们观察到的类似的“从有序到无序”现象的出现。此外,通过 X 射线能量色散谱(EDS)分析也发现,相同纺丝溶胶制得的粉体介孔材料和电纺丝介孔纤维表面 C 元素和 Si 元素的分布也有一定差别。粉体介孔材料中 C/Si 原子比平均为 2.81,而电纺丝介孔纤维表面 C/Si 原子比平均为 1.17。这意味着相对于粉体介孔材料而言,电纺丝介孔纤维表面存在 Si 元素的富集。这种 Si 元素的富集现象在前人的类似工作中也有报道[124]。因此,这种含 Si 组分的富集现象也可能阻碍了电纺丝纤维材料中模板剂的完全提取,从而造成了比表面积不及传统粉体介孔材料这一现象。

表 2－1　相同溶胶纺丝前后制得的介孔材料结构性能相关参数

样　　品	比表面积(m^2/g)	平均孔径(nm)	平均孔体积(cm^3/g)
粉体介孔材料	418.4	3.84	0.48
电纺丝纤维材料	120.9	3.40	0.07

图 2－8(a),(b)是纺丝结束和经过溶剂浸提制备的巯基功能化电纺丝 SiO_2 纤维的红外谱图。由于非离子表面活性剂 F127 和 SiO_2 作用力较弱，可以通过溶剂浸提的方法去除[35]。图中 3 423 cm^{-1} 和 1 635 cm^{-1} 处的峰对应于材料中吸附水和 Si—OH 的伸缩振动所引起。2 981 cm^{-1}，2 933 cm^{-1} 和 1 450 cm^{-1} 处的峰对应于纤维中表面活性剂 F127 和 MPTMS 中的亚甲基—CH_2—伸缩振动所致。在溶剂浸提处理后，上述的峰强度大大减弱，这证明了采用溶剂浸提的方法是一种有效地去除模板剂的方法。在 2 575 cm^{-1} 是巯基—SH 的伸缩振动峰位，图 2－8(b)是局部放大图，从图中可以看出，经过溶剂浸提后巯基振动峰的强度没有出现较大的降低，这证明了采用溶剂浸提的方法可以在去除模板的过程中有效保护相应有机官能团。

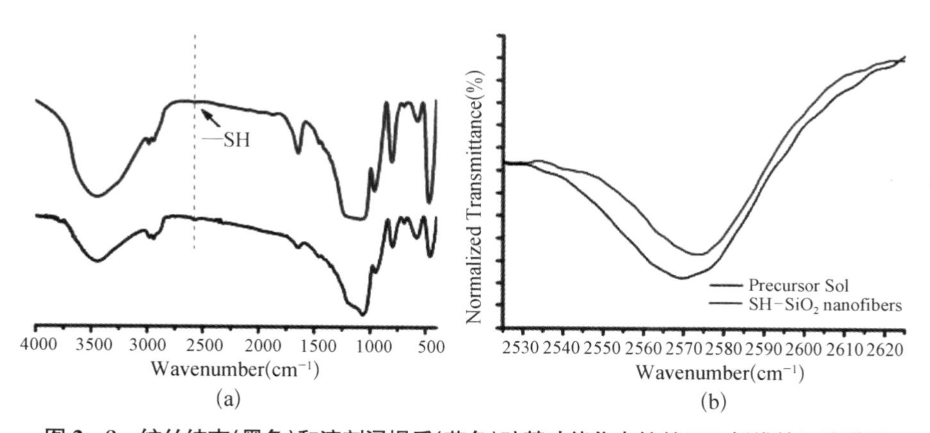

图 2－8　纺丝结束(黑色)和溶剂浸提后(蓝色)巯基功能化电纺丝 SiO_2 纤维的红外谱图

2.3.2　纤维膜的动态吸附性能

MPTMS 中所携带的巯基(—SH)对多种重金属均具有较强的螯合

性能。X. Feng 等于 1997 年首先报道了采用巯基化有序介孔材料对 Hg^{2+} 和其他重金属离子的去除，显示了优异的吸附效果[125]。随后各种功能化介孔材料用于吸附富集重金属离子的研究被大量报道[50, 126-127]。根据前面对所制备的巯基功能化电纺丝 SiO_2 的一系列表征结果，我们认为这种具有自支撑性能、大孔-介孔二级孔结构和巯基化多层次结构纤维膜材料可用于对重金属离子的吸附。因此，我们采用循环吸附模式，考察了动态吸附条件下纤维膜对 Cu^{2+} 的吸附性能。

首先我们初步测定了纤维膜对 Cu^{2+} 的静态吸附容量 q（初始 Cu^{2+} 浓度 C_0 为 1.0 mmol/L，pH= 5.0）为 18.57 mg/g。随后，我们采用循环过滤的动态吸附模式考察纤维膜对 Cu^{2+} 的快速吸附性能，同时我们选用商品纤维素滤膜作为参比对象。由于所制备的纤维薄膜具有自支撑特点，因此可以方便地放置于平板膜过滤装置中。图 2 - 9 反映了吸附容量 q 随着时间的变化关系，图中可见吸附初始阶段（0～10 min）巯基功能化纤维膜对 Cu^{2+} 的吸附容量增加较慢，随后吸附容量迅速增加。

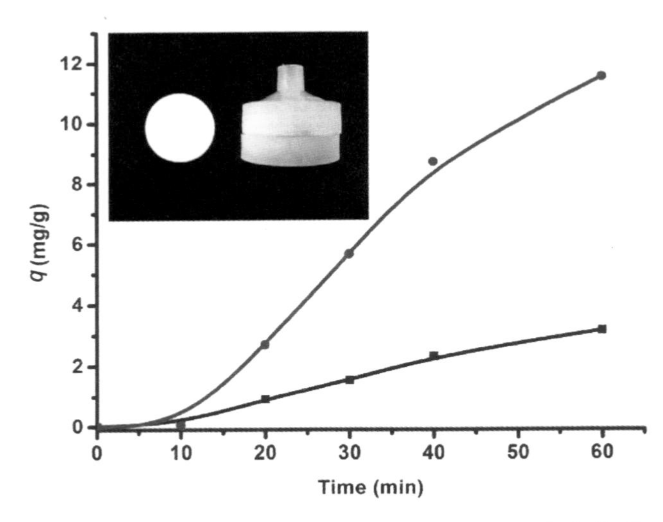

图 2 - 9　巯基化 SiO_2 纤维膜（蓝色）和商品纤维素滤膜（黑色）对 Cu^{2+} 吸附量 q 随时间变化曲线；插图为所用的纤维膜及平板膜过滤器的数码照片

最后，经过 60 min 的循环动态吸附，经计算巯基功能化介孔纤维膜对 Cu^{2+} 的吸附容量为 11.48 mg/g，而相同情况下，商品纤维素滤膜对 Cu^{2+} 的吸附容量仅为 3.15 mg/g，且吸附速率也远低于巯基化介孔纤维膜。一方面由于介孔结构和巯基官能团的存在，使得材料对重金属 Cu^{2+} 有着较强的螯合吸附作用。另一方面由于材料所具有的自支撑性质和三维大孔结构，使得材料具备在大通量条件下对重金属离子进行吸附和富集的能力。本实验中采用低压驱动（小于0.1 bar），经测算膜通量 f 可达到 560 L/(m^2 · h)，且这一通量仍具有较高的上调空间。

2.4　本章小结

如图 2-10 所示，本章中我们利用溶胶凝胶技术和静电纺丝技术一步法制备具有多层次结构（三维大孔-介孔-巯基官能团）的 SiO_2 纤维膜材料。经过一系列的表征手段分析了材料的形貌、二级孔特征和表面化学性能。

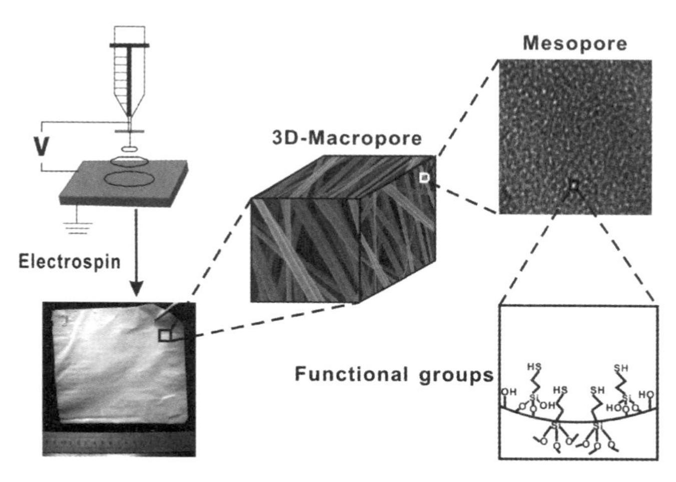

图 2-10　电纺丝法制备巯基化纤维膜材料的多层次结构示意图

实验中，我们通过调节不同的表面活性剂 F127 的用量来控制纤维的成丝性。通过优化，我们得到了纺丝液的最佳配比，从而得到了自支撑且同时具有介孔结构的巯基功能化 SiO_2 纤维膜。同时我们也发现由于电纺丝过程对有序介孔结构的形成起到了一定的阻碍作用，这一发现对今后制备具有介观结构的电纺丝微纳米纤维材料具有重要意义。

巯基功能化的纤维膜能够通过螯合吸附作用去除水溶液中的 Cu^{2+} 离子。并且由于二级孔(大孔-介孔)结构的存在，材料可以实现在动态高通量条件下[560 L/(m^2 · h)]对 Cu^{2+} 的快速吸附与富集。该薄膜在离子选择性吸附、亲和膜、水处理和载体材料等方面具有潜在的应用价值。

第3章 电纺丝纤维为支撑骨架的巯基化介孔SiO_2膜的制备及性能研究

3.1 本章引论

沸石分子筛和介孔分子筛材料被广泛应用于催化、吸附、离子交换等传统领域并正在向一些光、电、磁和医学等新领域扩展。不同形貌和聚集形态的分子筛材料例如微球、薄膜和纤维等不断被合成出来以满足不同领域的应用需求。而电纺丝技术提供了一个良好的平台,可以方便高效地制备纤维直径从纳米到微米尺度上的各种电纺丝材料。因此,基于电纺丝技术平台制备沸石或介孔分子筛材料成为近年来科研工作者关注的研究热点领域之一。

沸石分子筛材料通常需要在水热或溶剂热条件下合成,高温、高碱性和高自生压力的制备条件使得直接通过电纺丝技术制备沸石分子筛材料具有很大的难度。通常情况下,制备电纺丝沸石分子筛纤维是通过先合成沸石分子筛颗粒,再和高分子聚合物共混纺丝得到。而后期通过高温煅烧除去聚合物后可以同时得到微孔(沸石微孔)、介孔(沸石微粒间)、大孔(纤维聚集体)的多层次结构。相对于粉体或薄膜结构的沸石分子筛材料，这种纤维态的沸石分子筛材料物质传输性更好，更有利于反应物和产物的传输与扩散。但是，由于采用了高温煅烧后处理的方法，电纺丝纤维的机械性能大大下降，从而不利于材料的保存和回收再利用。

相比于需要较为苛刻制备条件的沸石分子筛材料，介孔分子筛材料的制备条件要相对温和一些。制备介孔材料的方法有很多种，其中溶剂挥发诱导自组装(EISA)技术作为制备介孔薄膜的一种普适方法也为电纺丝制备介孔纤维材料开辟了一条新的途径。EISA 技术的基本原理是将由硅源、有机溶剂、水和表面活性剂组成的均匀前驱体溶液在酸性条件下进行预水解，之后通过提拉或旋涂法制备成薄膜。在溶剂挥发过程中，硅物种继续水解交联并与表面活性剂快速自组装产生介观周期性结构。基于这种方法，起初研究者尝试用高分子表面活性剂作为介孔造孔剂的同时也作为纺丝液的黏度调节剂进行纺丝。虽然一些工作报道了利用电纺丝技术制备 SBA - 15 和 DAM - 1 等具有介孔结构的 SiO_2 纤维材料，但是得到的纤维形貌较差且介孔结构也很不理想[105-106]。研究者发现采用这种方法时由于硅源的水解速率较慢和制备过程中出现的高分子表面活性剂凝胶现象使得电纺丝过程的可控性大大降低。随后，研究者在前述方法的纺丝液中加入例如 PVP、PVA 等高分子聚合物增加纺丝液的可纺性，并报道了相应的具有介孔结构的电纺丝纤维的材料[102-103, 120, 128]。但是，一方面由于高分子聚合物的添加可能影响硅源和表面活性剂胶束间的相互作用，另一方面由于电纺丝过程中溶剂快速挥发可能导致表面活性剂有序介观液晶相发生不完全组装和电场作用对有序液晶相可能产生的负面影响，从而导致了目前所报道的直接利用电纺丝技术制备出的介孔纤维材料存在以下几点缺陷：① 比表面积较常规水热法制备的粉体介孔材料偏低，且多为无序介孔结构；② 高温煅烧后处理得到的无机介孔纤维机械性能较差，难以大面积制备；③ 功能化介孔电纺丝纤维材料制备难度较大。

在前述第 2 章中，我们尝试采用了表面活性剂造孔和双硅烷共缩聚的方法制备纺丝液并优化纺丝液的组成比例，得到了大面积自支撑的未脱除模板剂的纤维膜。之后，通过溶剂浸提的方法去除纤维中表面活性剂模板剂的同时有效保留了巯基官能团。从而我们得到了具有良好自支撑性能和多层次结构（大孔-介孔-活性巯基官能团）的 SiO_2 纤维膜。但是，我们同样遇到了纺丝过程可控难度较大，所得到的纤维中介孔结构有序度和材料的比表面积均较低等问题。

电纺丝技术发展至今，研究者发展了一系列聚合物纤维功能化的方法，其中包括共混纺丝、物理包被、物理化学沉积、化学表面改性等方法。功能化后电纺丝聚合物纤维材料在亲和膜、组织工程、传感和安全防护等领域均有应用[94, 129-131]。

针对第 2 章中我们遇到的一些问题，我们提出了分步制备多层次结构（大孔-介孔-活性巯基官能团）的 SiO_2 纤维膜的策略（图 3 - 1）。

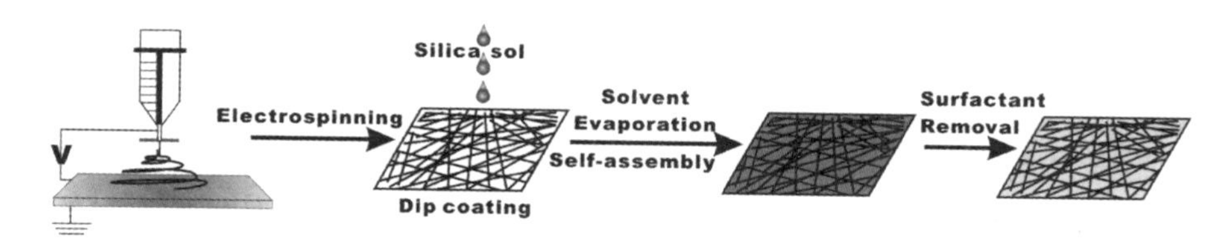

图 3 - 1　分步制备多层次结构 SiO_2 纤维膜示意图

首先，采用电纺丝方法制备出自支撑的常规聚合物纤维膜。其次，基于 EISA 技术和双硅烷共缩聚方法制备含有介观液晶相的前驱体溶胶。之后将该前驱体溶胶渗流浇注在有机高分子纤维表面，通过可控的溶剂挥发条件下诱导硅源物种和表面活性剂介观胶束进一步自组装并在脱除表面活性剂模板剂后在纤维表面形成高度有序并功能化的介孔壳层，从而总体上制备出含有有序介孔结构的纤维膜材料。我们希望基于这种组合思路发展出一种方便可控地制备自支撑多层次有序介孔材料的新方法。

3.2 实验部分

3.2.1 实验试剂

正硅酸乙酯(Tetraethyl orthosilicate, TEOS), γ-巯丙基三甲氧基硅烷(3-Mercaptopropyltrimethoxysilane, MPTMS)购于Aldrich;聚苯乙烯(Polystyrene, PS,平均分子量260 000),非离子表面活性剂F127 ($EO_{106}PO_{70}EO_{106}$,平均分子量12 600)购于Alfa Aesar;四氢呋喃(Tetrahydrofuran, THF), N,N-二甲基甲酰胺(N,N-Dimethylformamide, DMF),无水乙醇(C_2H_5OH),硝酸铜[$Cu(NO_3)_2 \cdot 3H_2O$],盐酸(HCl),硝酸(HNO_3),氢氧化钠(NaOH)均为分析纯,购于国药北京化学试剂公司。以上药品使用前没有经过纯化。实验过程中所用水为超纯水。

3.2.2 聚苯乙烯电纺丝纤维膜的制备

取一定量的PS颗粒溶解在THF中,常温搅拌溶解后得到质量分数25%的纺丝溶液。将配置好的纺丝液置于10 mL的玻璃注射器中,注射器针头为不锈钢材质,内径约为0.8 mm。以注射器针尖为阳极,滚筒收集器为阴极,阳极和阴极间距离固定为15 cm,两极间所加静电电压为15 kV,以注射泵推动注射器内溶液向外流动,推进速率设定为1.0 mL/min,在滚筒收集器外覆的铝箔作为接收板收集电纺丝纤维。

纤维膜的后处理采用如下方法:将上述电纺丝纤维膜置于105℃烘箱中热处理30 min左右使纤维膜适度交联以增加其机械强度。最后将热处理后的纤维膜裁剪成直径25 mm的圆形膜片,并置于等离子体处理仪(DT-01型,功率200 W)中采用空气等离子体处理15 min,称重后置于干燥器中备用。

3.2.3　介孔前驱体溶胶的制备

首先将非离子表面活性剂F127在搅拌条件下溶于乙醇和少量水中并加入一定量的1.0 mol/L的盐酸溶液。在混合搅拌30 min后,将TEOS和MPTMS缓慢加入该混合溶液中并在60℃下加热回流2 h。最后自然冷却至室温,得到澄清透明的前驱体溶胶。

3.2.4　介孔 SiO_2 膜的制备

取0.5 mL的介孔前驱体溶胶滴入制备好的PS电纺丝膜片中,待前驱体溶胶完全被纤维膜吸收后,将纤维膜置于40℃条件下加热48 h以除去溶胶中和硅烷缩聚过程中产生的乙醇。之后将复合膜置于100℃水热条件下老化24 h以增加 SiO_2 的结构稳定性。最后,将经过以上处理纤维复合膜置于索氏提取器中用乙醇浸提24 h以脱除所含有的表面活性剂F127,并置于真空干燥箱中60℃干燥备用。

3.2.5　介孔 SiO_2 膜对 Cu^{2+} 的静态吸附实验

静态吸附平衡时间的确定:取准确称量的介孔 SiO_2 膜置于50 mL具塞锥形瓶中,加入25 mL 0.5 mmol/L的 $Cu(NO_3)_2$ 溶液,并用稀NaOH和稀 HNO_3 溶液调节体系pH为5.0左右。将锥形瓶置于恒温摇床中,在25℃下以100 r/min的转速振荡,定时取少量溶液,采用ICP-AES测定溶液中 Cu^{2+} 浓度。根据吸附前后重金属离子浓度的变化计算吸附量。

pH对吸附性能的影响:取准确称量的介孔 SiO_2 膜置于50 mL具

塞锥形瓶中，加入 25 mL 2.0 mmol/L 的 $Cu(NO_3)_2$ 溶液，并用稀 NaOH 和稀 HNO_3 溶液调节体系 pH 分别为 2.0，3.0，4.0，5.0 和 6.0 左右。将锥形瓶置于恒温摇床中，在 25℃下以 100 r/min 的转速振荡 2 h，静置后，过滤溶液，测定体系 pH，并采用 ICP－AES 测定溶液中 Cu^{2+} 浓度。根据吸附前后重金属离子浓度的变化计算吸附量，并计算最适 pH。

吸附平衡和等温吸附实验：取准确称量的介孔复合膜置于 50 mL 具塞锥形瓶中，分别加入 25 mL 浓度分别为 0.05 mmol/L，0.1 mmol/L，0.2 mmol/L，0.4 mmol/L，0.5 mmol/L，1.0 mmol/L，2.0 mmol/L 和 3.0 mmol/L 的 $Cu(NO_3)_2$ 溶液，并用稀 NaOH 和稀 HNO_3 溶液调节体系 pH 为最适 pH。将锥形瓶置于恒温摇床中，在 25℃下以 100 r/min 的转速振荡 2 h。静置后，过滤溶液，测定体系 pH，并采用 ICP－AES 测定溶液中 Cu^{2+} 浓度。根据吸附前后重金属离子浓度的变化计算吸附量。

静态吸附模式下，介孔复合膜对 Cu^{2+} 的吸附量 q(mg/g) 根据式(3－1)计算：

$$q = \frac{(C_0 - C_t)V}{m} \tag{3-1}$$

式中，q 为每克介孔复合膜吸附的 Cu^{2+} 质量，Cu^{2+} 的质量以毫克计(q 的单位为 mg/g)；C_0 为 Cu^{2+} 溶液的初始浓度(单位为 mg/L)；C_t 为吸附结束后 Cu^{2+} 溶液的浓度(单位为 mg/L)；V 为 Cu^{2+} 溶液体积(单位为 L)；m 为介孔复合膜重(单位为 g)。

3.2.6 介孔 SiO_2 膜对 Cu^{2+} 的动态吸附实验

为了考察动态吸附条件下介孔 SiO_2 膜对 Cu^{2+} 的吸附性能，我们采用和第 2 章中相同的动态循环装置(图 2－2)，将预先裁剪(直径为

25 mm)并准确称重的圆形介孔复合膜置于聚丙烯材质的平板膜过滤器中,过滤器使用前经过稀硝酸浸泡,超纯水洗净后干燥备用。配制 25 mL 2.0 mmol/L 的 $Cu(NO_3)_2$ 溶液,并用稀 NaOH 和稀 HNO_3 溶液调节体系 pH 为静态实验中得到的最适 pH,将溶液通过蠕动泵驱动方式循环流过装有介孔复合膜的平板膜过滤器,体系压力设置为 1.0 bar,循环吸附时间设定为 2 h。循环结束后,采用 ICP - AES 测定溶液中 Cu^{2+} 浓度。对比实验采用定性滤纸和不添加 MPTMS 制备的介孔复合膜在同等条件下考察其对 Cu^{2+} 的吸附性能,滤纸使用前用纯水浸泡干燥后备用。

膜纯水通量 f[L/(m^2 · h · bar)]根据式(3 - 2)计算:

$$f = \frac{V}{S \times t \times P} = \frac{J}{S \times P} \tag{3-2}$$

式中,V 为纤维膜的渗透量(单位为 L);S 为纤维膜的有效面积(单位为 m^2);t 为循环吸附时间(单位为 h);P 为操作压力(单位为 bar);J 为纤维膜单位时间内的渗透量(L/h),由装置中的转子流量计校准并测定。

循环吸附模式下,纤维膜 Cu^{2+} 的吸附量 q(mg/g)根据式(3 - 1)计算。

3.2.7　再生性能实验

实验中采用原位洗脱再生,即完成动态循环吸附过程后不取出平板膜过滤器中的 SiO_2 膜,继续用超纯水循环洗脱 30 min。随后用 100 mL 0.5 mol/L HNO_3 或 HCl 溶液循环洗脱 30 min,洗脱操作重复三次。然后再用超纯水循环洗脱直至洗脱液 pH 为中性。最后置于 60℃下真空干燥至恒重。重复进行动态吸附实验。

3.3 结果与讨论

3.3.1 聚苯乙烯电纺丝纤维膜的制备和表征

电纺丝技术是目前制备微纳米纤维材料最重要的方法之一。本实验中采用最常见的高分子聚合物聚苯乙烯PS作为纺丝材料。聚苯乙烯是由苯乙烯单体经自由基聚合缩聚得到的高分子聚合物,其结构式见图3-2。聚苯乙烯材料具有稳定的化学结构和物理性质,且无生物毒性。我们采用不同溶剂如四氢呋喃THF和N,N-二甲基亚酰胺DMF制备质量分数均为25%的PS溶液,考察溶剂对聚苯乙烯电纺丝纤维形貌的影响。

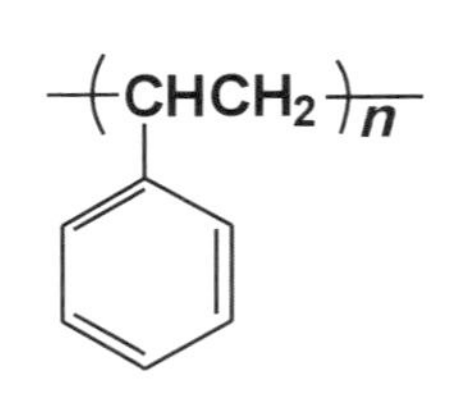

图3-2 聚苯乙烯的结构式

图3-3(a),(b)是质量分数为25%的PS/THF溶液通过静电纺丝所制备纤维的形貌。纤维呈均匀非定向排列,纤维平均直径为5.85 μm。纤维表面存在直径约100 nm左右,呈均一分布的凹陷结构。我们认为,这种凹陷结构形成的原理主要基于呼吸图[132]和相分离原理二者的共同作用。一方面,由于在纺丝过程中溶剂迅速挥发导致空气中的水分凝结在纤维的表面。当水分再次挥发后,留下了相应的印迹。并且纺丝过程中由于电场对带电纤维的拉伸作用使得这些印迹呈现无规则排列[133]。另一方面,凝结在纤维表面的水分相对于PS是一种不良溶剂,从而导致了PS/THF/H_2O体系中出现相分离现象而形成了纤维表面的多孔形貌。Megelski等也报道了在电纺聚苯乙烯纤维时出现类似的纤维形貌,而且指出这种多孔形貌仅存在于纤维表面而非互穿于纤维内部[134]。图3-3(c),(d)是质量分数为25%的PS/DMF溶液通过静电纺丝所制备纤维的形貌。纤维呈均匀非定向排列,

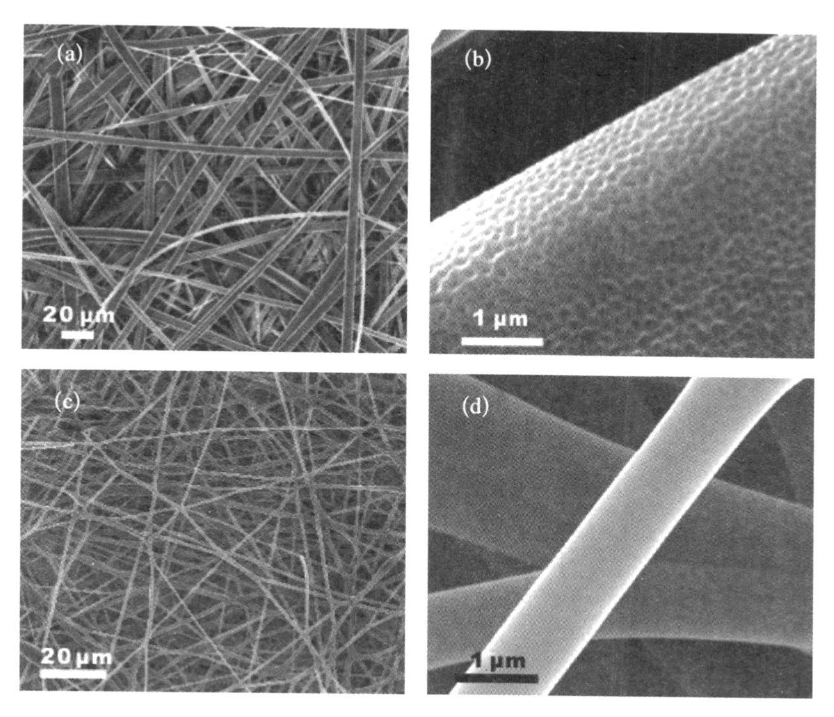

图 3-3　电纺丝纤维的 SEM 图。(a)和(b)是 25%的 PS/THF 溶液所制备的 PS 纤维；(c)和(d)是 25%的 PS/DMF 溶液所制备的 PS 纤维

纤维平均直径为 0.93 μm。纤维表面光滑，没有出现明显的多孔形貌。造成这种纤维直径明显差异的原因主要是溶剂的电导率差异。DMF 的电导率要高于 THF，因此在纺丝过程中针尖处的同种电荷排斥力也更强，纤维劈裂的程度更完全。同时在电场作用下静电力而产生的拉伸作用也更明显，所以用 DMF 作溶剂时，PS 纤维直径较小，机械强度相应较低，化学稳定性不及以 THF 作溶剂制备的 PS 纤维。因此，本实验中，为了获得自支撑性能较好，化学稳定性较高的纤维膜作支撑骨架材料，我们选用电纺 25%的 PS/THF 溶液得到的纤维膜。

此外，由于聚苯乙烯分子链中没有极性基团，因此聚苯乙烯纤维膜的亲水性较差。为了防止在随后浇注具有亲水基团含硅溶胶时出现界面分离现象,我们采用了空气等离子体(air plasma)处理的方式以增加PS纤维的亲水性。通过对比空气等离子处理前后PS纤维的XPS谱图,我们发现处理后PS纤维表面的含氧基团的特征峰强度得到大大增强,其中氧元素含量从4.37%增加到24.39%,证明了其表面亲水性能的提高。

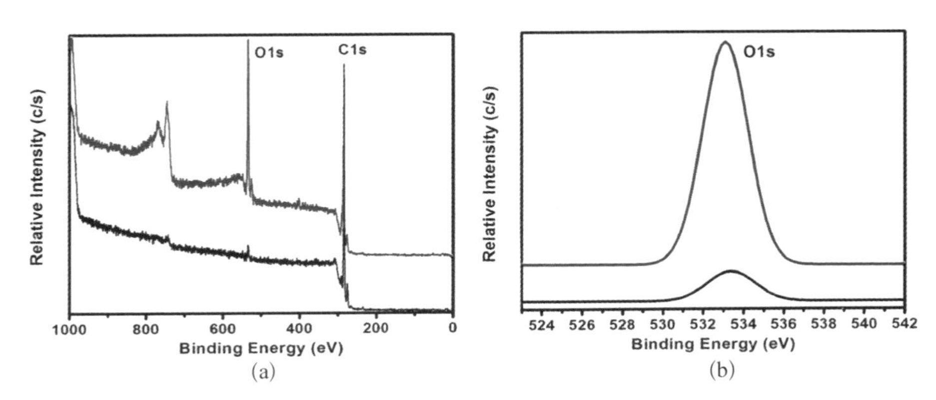

图3-4　PS纤维经空气等离子体处理前后XPS谱图。(a) 全谱范围;(b) O1s区域高斯拟合曲线图,黑色为处理前,蓝色为处理后

3.3.2　介孔前驱体溶胶的制备和表征

实验中,我们调节了F127和乙醇的用量,得到了组成比不同比例的前驱体溶胶,其中TEOS∶F127∶H_2O∶HCl∶EtOH∶MPTMS的比例为1∶x∶3.0∶0.01∶y∶0.25,$x=$ 0.006 0,0.009 0,0.015 0,0.021 0;$y=$ 5,10,20。将制备出的不同组分比的前驱体溶胶涂布在玻璃基片上,待溶剂挥发并老化处理后,采用小角X射线衍射(小角XRD)表征其有序介观液晶结构的存在。一般来说,使用如F127、P123等嵌段共聚物作为模板剂可以得到具有二维六方直孔道结构的SBA-15介孔材料和三维立方笼性孔道结构的SBA-16介孔材料[33, 135]。这两种典型的有序介孔材料在其小角XRD谱图中可能有多个晶面衍射峰，其中 SBA－15 的(100)衍射峰和 SBA－16 的(110)衍射峰多在 $2\theta = 1°$ 附近出现，且峰型明显。同时，这两个晶面的衍射峰的峰强可以体现材料结构的有序程度，峰强较强或半峰宽较窄，表示介孔材料的有序度较高；反之，则有序度较低。若材料的衍射峰分辨不清或峰值极小，则说明样品的有序度很差或基本以无定形结构存在。

从图 3－5 中可以看出，当前驱体溶胶中组分比例为如下情况时：当 y 为 5 时，x 为0. 006 0，0. 009 0和0. 015 0；当 y 为 10 时，x 为0. 006 0，0. 009 0，0. 015 0和0. 021 0；当 y 为 20 时，x 为0. 009 0和0. 015 0，溶胶中介观结构有序程度较高，提取模板剂后得到的介孔结构相对于其他比例时理论上应更加有序。因此这九种不同比例的含有有序介观液晶相的前驱体溶胶为下一步通过渗流浇注并提取模板得到不同形貌有序介孔 SiO_2 膜奠定了重要基础。

由于嵌段共聚物 F127 为高分子聚合物(平均分子量为12 600)，因此所制得的前驱体溶胶均具有一定黏度，且随着 x 和 y 的不同其黏度也

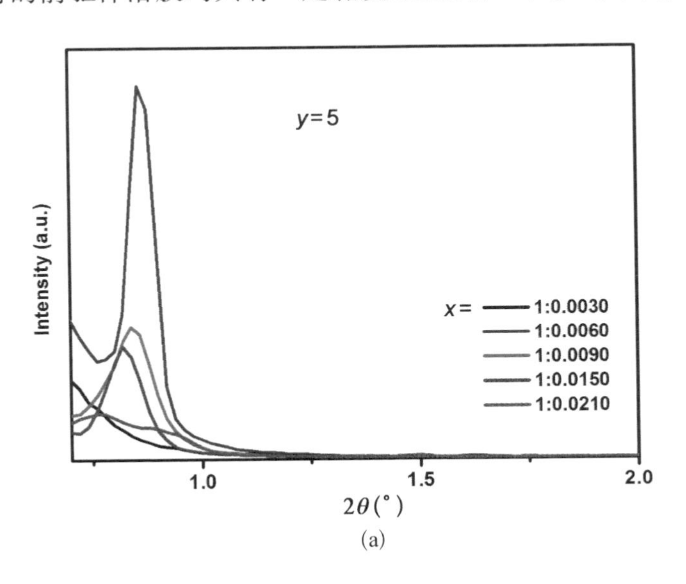

(a)

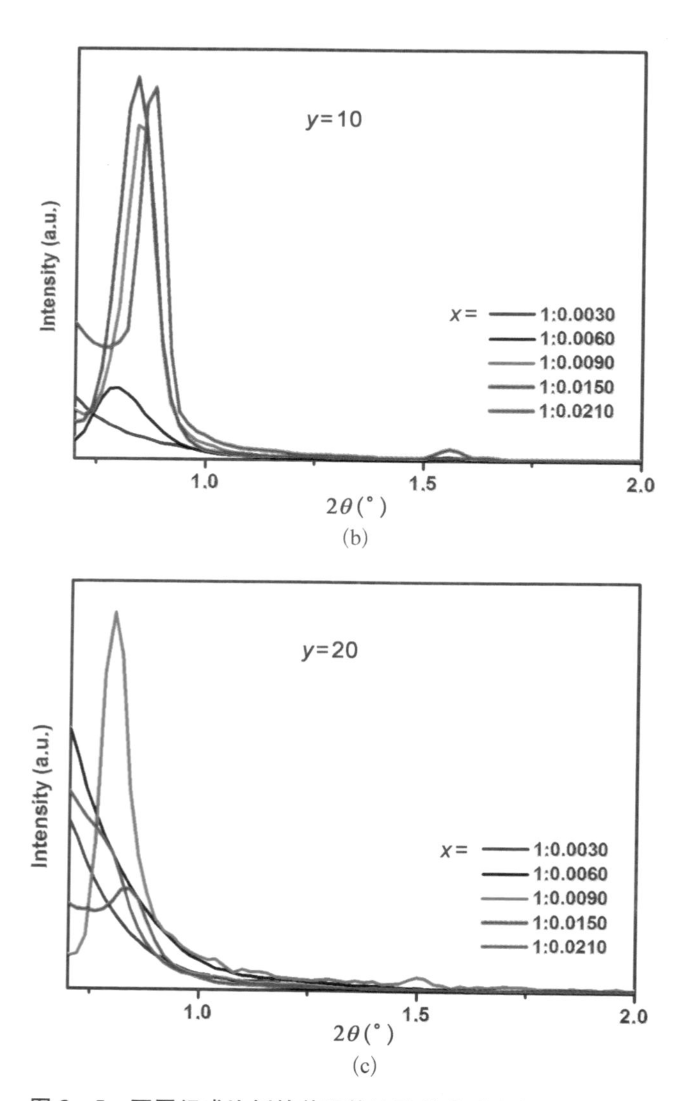

(b)

(c)

图 3-5 不同组成比例的前驱体溶胶的薄膜小角 XRD 谱图

有相应区别，将其渗流浇注于 PS 纤维为支撑骨架的膜内时所产生的填充效果势必有所不同。根据前驱体溶胶中 x 和 y 的不同，这九种前驱体溶胶被依次命名为溶胶 A—I，见表 3-1。

表 3-1 不同比例前驱体溶胶样品命名表

x \ y	20	10	5
0.006 0	—	溶胶 C	溶胶 G
0.009 0	溶胶 A	溶胶 D	溶胶 H
0.015 0	溶胶 B	溶胶 E	溶胶 I
0.021 0	—	溶胶 F	—

3.3.3 介孔 SiO_2 膜的制备和表征

本研究中，我们将含有巯基化介观液晶相的前驱体溶胶采用渗流浇注的方式填充到经过预处理得到的聚苯乙烯电纺丝薄膜中。我们选取了 9 种不同比例组分的前驱体溶胶，经过图 3-1 中所示的填充-挥发自组装-脱除表面活性剂这三个步骤后，我们得到了宏观上自支撑的 SiO_2 膜。按照溶胶样品名称，所得到的 9 种 SiO_2 膜被依次命名为样品 A—样品 I。图 3-6 中样品 A—I 分别是采用前驱体溶胶 A—I 制备得到的

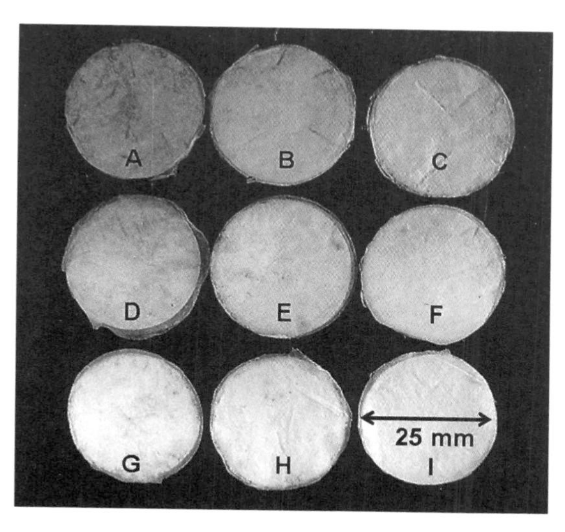

图 3-6 不同组成比例的前驱体溶胶填充形成样品 A—I 的数码照片

SiO_2膜。由图 3-6 可见,膜表面均匀,直径约为 25 mm,可分辨出由于前驱体溶胶比例不同所导致的在相同体积溶胶内所得 SiO_2含量不同而造成的膜厚度及透光性上的差异。

图 3-7 中 A—I 分别是以电纺丝聚苯乙烯纤维为支撑骨架浇注溶胶 A—I 后得到的 SiO_2膜的 SEM 照片,从图中可以看出不同组成比例的前驱体溶胶填充所形成样品的微观形貌各有差异,特别是由于乙醇比例 y 值的区别是形貌差异的主导因素。当 y 值较大,x 值较小时,前驱体溶胶中表面活性剂 F127 的比例较低,溶胶黏度较小,因此相同体积的溶胶在纤维膜内的填充情况较差,仅在纤维表层覆盖有一层 SiO_2薄膜,纤维膜原有的三维大孔结构基本未受影响。反之,而当 y 值较小,x

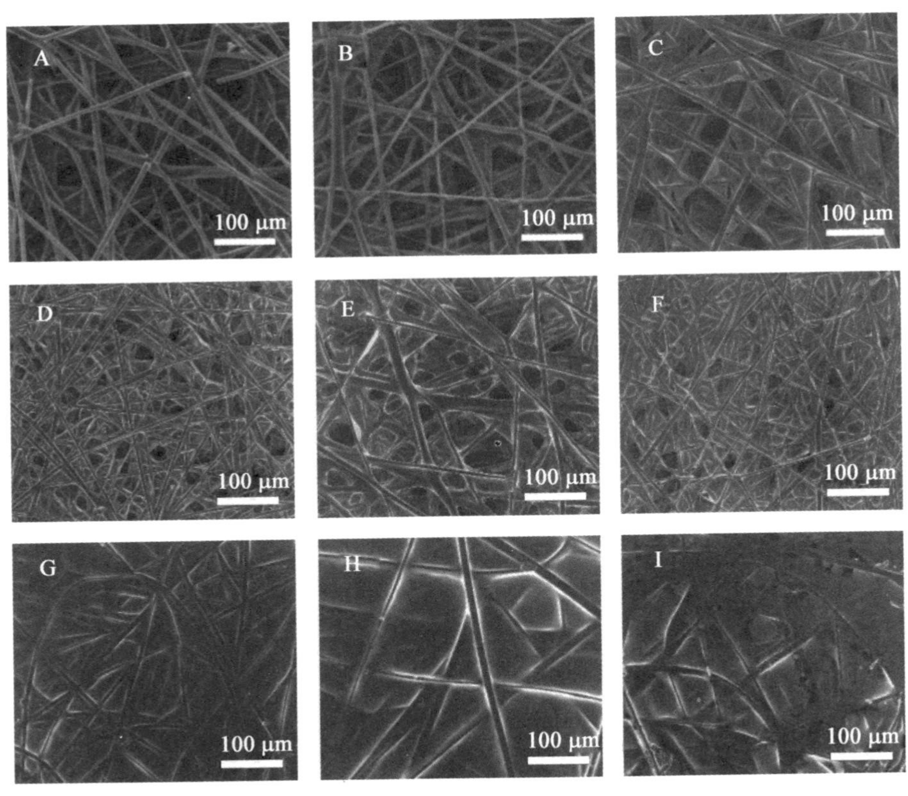

图 3-7　不同组成比例的前驱体溶胶填充形成样品 A—I 的 SEM 图

值较大时，前驱体溶胶中表面活性剂 F127 的比例较高，溶胶黏度较大，因此相同体积的溶胶在纤维膜内的填充较充分。随着 F127 比例的不断增加，纤维表层覆盖的 SiO_2 薄膜逐渐增厚，纤维膜中越来越多的大孔孔隙被溶胶填充。当 $y=5$ 时，几乎所有的大孔孔隙均被填满，样品膜表面平滑而致密，形成了类似于“钢筋混凝土结构”的实心薄膜。

多层次结构中大孔结构是保障高效传质的必要条件。从 SEM 图中我们初步分析了填充了不同组成比例前驱体溶胶 SiO_2 膜的大孔结构，随后我们采用压汞测试和纯水通量测试进一步表征其大孔性质和传质能力。

表 3-2　电纺丝 PS 纤维膜和 SiO_2 膜的大孔性能指标及其纯水通量

样品名	孔隙度（%）	孔容（cm^3/g）	平均纯水通量 [$\times 10^4$ L/(h·m^2·bar)]
电纺丝 PS 纤维膜	75.22	2.93	1.45
A	72.49	2.23	1.42
B	61.08	1.31	
C	73.47	1.70	1.35
D	53.22	0.68	
E	46.93	0.47	
F	27.56	0.29	
G	18.64	0.16	NA[a]
H	1.58	0.05	
I	0.55	0.01	

注：NA[a]是指由于样品孔隙度过低，测试条件下无法得到其纯水通量数据。

从表 3-2 中，我们同样可以看出由于填充程度不同所导致的膜孔隙度、孔容和纯水通量的差异。一方面，随着前驱体溶胶中 F127 含量的增加，所得到 SiO_2 膜的孔隙度和孔容逐渐下降，从而导致了其膜纯水通量的下降。特别是样品 H 和样品 I 中，作为支撑骨架的 PS 纤维膜中的三维大孔结构几乎全被 SiO_2 所填充，因此基本丧失了其大孔的通透性能。另一方面，根据我们测算，随着样品 A 到样品 F 膜通透性能的下降，膜中所负载的巯基化介孔 SiO_2 含量却呈上升趋势。因此，综合考虑样品的膜通透性能即传质能力和选择性吸附能力，我们选择样品 E 作为考察对象，研究这种以电纺丝纤维作为支撑骨架制备的功能材料的多层次结构特点及其对 Cu^{2+} 的吸附性能。

如图 3-8(a)所示，样品 E 中原有 PS 纤维构成的三维大孔结构基本保持，膜上可见大量分布的大孔孔道。局部放大部分可见浇注的 SiO_2 层牢固地包覆在 PS 纤维表面，在 SiO_2 和 PS 纤维交界处没有出现明显的分离现象。图 3-8(b)是样品 E 的截面 SEM 图和数码照片，膜厚约 150 μm 并显示出了良好的自支撑性能。

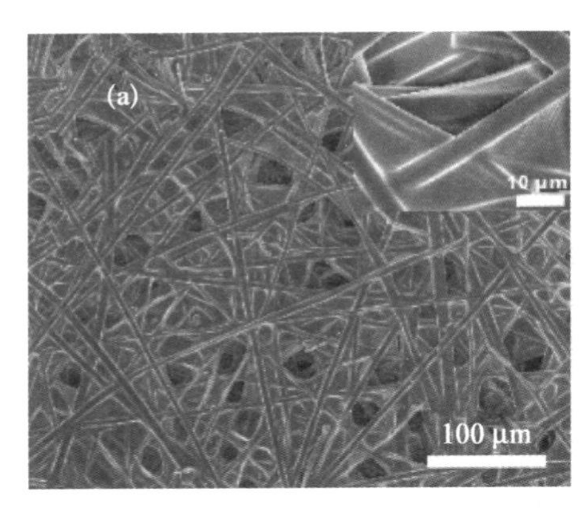

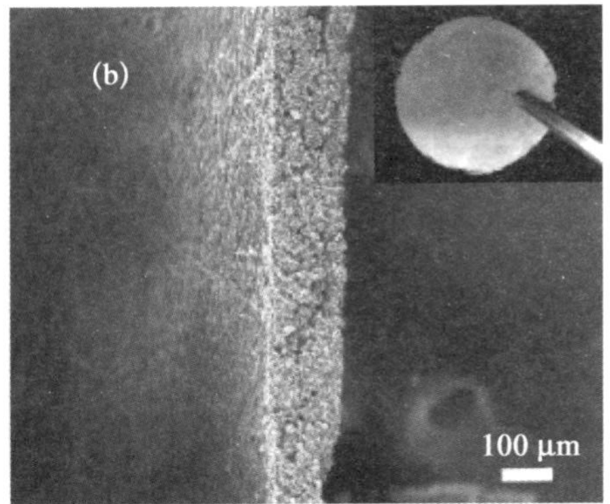

图 3-8　样品 E 的 SEM 图。(a) 平面图；(b) 截面图和光学照片

图 3-9 是样品 E 的小角 XRD 谱图，从图中可以看出，样品的 2θ 值在 1.0° 存在一个强衍射峰，可归属于(100)晶面方向，计算可得 $d(100)=8.65$ nm，证明了样品中存在规则有序的二维六方介孔结构。为进一步直观表征其介孔结构，我们还进行了 TEM 表征。图 3-10(a)，(b)分别是沿(100)(110)两个不同方向观察到的 TEM 图片。图中

可以直观地看出，样品中具有高度有序的二维六方介孔结构，(100)晶面间距为 9～10 nm，介孔孔径为 3～5 nm。这与小角 XRD 结果一致。

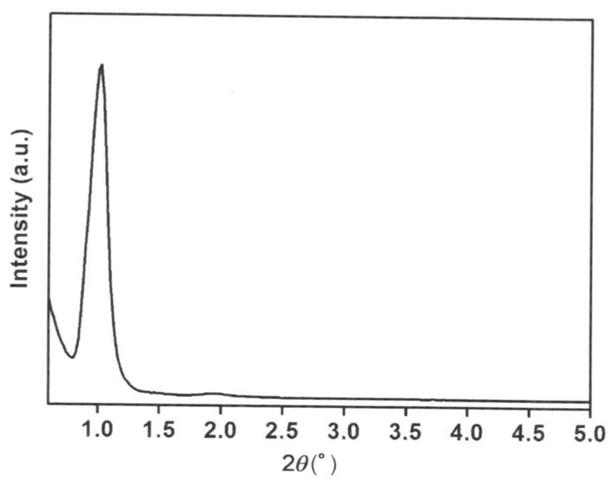

图 3-9　样品 E 的小角 XRD 谱图

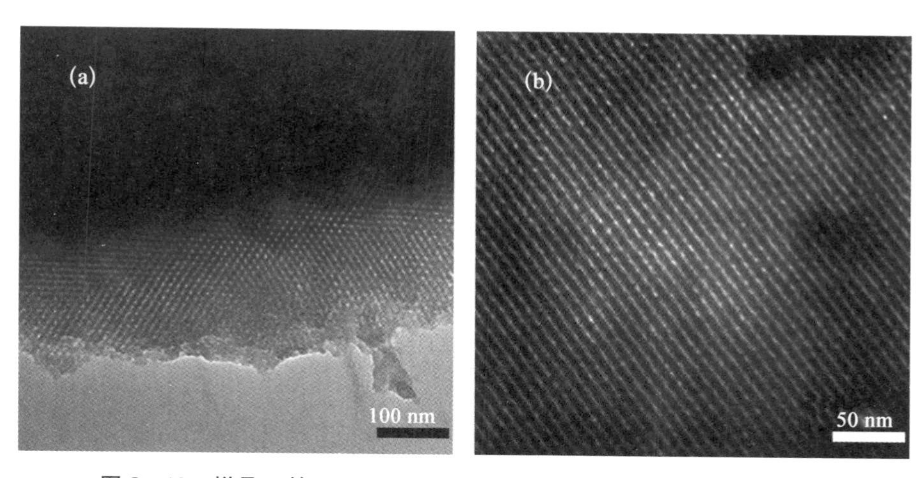

图 3-10　样品 E 的 TEM 图。(a) (110)晶面方向；(b) (100)晶面方向

此外，电纺丝 PS 纤维膜上负载的巯基 SiO_2 的介孔结构还可以通过 N_2 吸附-解吸测试进行表征。图 3-11 是样品 E 的 N_2 吸附-解吸等温曲线，该曲线是典型的 IV 型等温吸附曲线，证明了 PS 纤维膜上所负载的巯基 SiO_2 具有典型的介孔结构。根据等温吸附数据，样品 E 的 BET 比

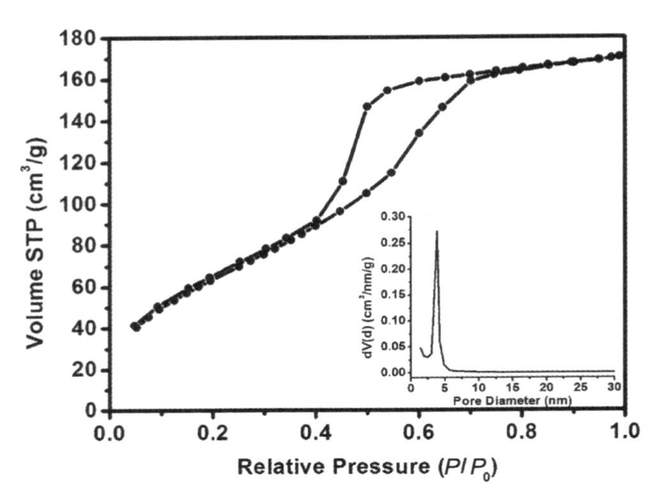

图 3-11　样品 E 的 N_2 吸附-解吸等温曲线和孔径分布图

表面积为 367.5 m^2/g,平均孔径为 3.84 nm,孔容为 0.30 cm^3/g。

图 3-12 是压汞分析得到的样品 E 的全范围孔径分布图,采用高斯公式拟合数据后可以清楚地证明:以电纺丝纤维为支撑骨架的 SiO_2 膜同时具备直径微米级的大孔结构和直径 5 nm 左右的介孔结构。这种大孔-介孔结构赋予了材料较大的传质能力和较强的吸附能力。

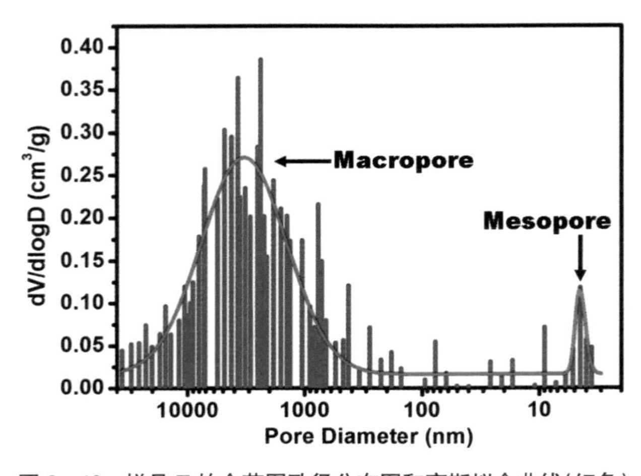

图 3-12　样品 E 的全范围孔径分布图和高斯拟合曲线(红色)

图 3－13(a)是样品 E 的 FTIR 谱图。图中 3 000 cm^{-1} 附近的吸收峰对应的是聚苯乙烯的分子骨架中 C—H 振动，1 470 cm^{-1} 处的吸收峰对应的是聚苯乙烯分子骨架中的芳香 C—C 振动，760 cm^{-1} 和 700 cm^{-1} 处的吸收峰对应的是聚苯乙烯芳香环上的 C—H 面外弯曲振动和 C—C 面外弯曲振动，1 100 cm^{-1} 处的吸收峰对应的是样品中所含 SiO_2 的Si—O—Si键振动吸收。在去除了聚苯乙烯纤维骨架之后，存在于介孔 SiO_2 中的巯基官能团在图 3－12(b) 得以体现，2 570 cm^{-1} 处的吸收峰对应的正是—SH 的振动吸收。

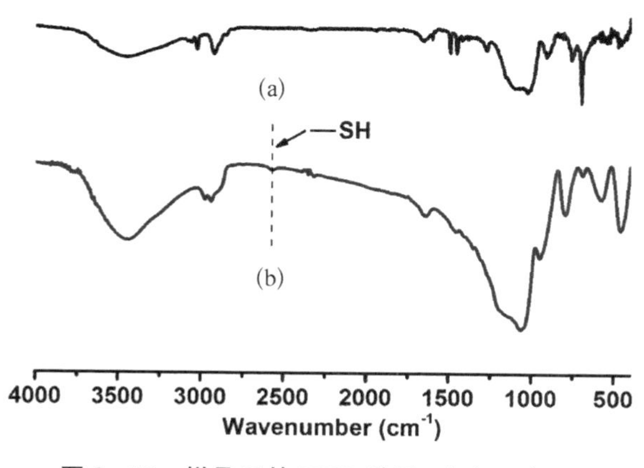

图 3－13　样品 E 的 FTIR 谱图。(a) PS/SiO_2 复合膜；(b) 除去 PS 后

以电纺丝聚苯乙烯纤维作为支撑骨架，将前驱体溶胶浇注于纤维表面，在溶胶挥发诱导自组装条件下形成有序介观相，去除表面活性剂模板后，我们得到了自支撑的具有大孔-介孔-巯基官能团的多层次结构材料。

3.3.4　介孔 SiO_2 膜对 Cu^{2+} 静态吸附性能的研究

图 3－14 是静态吸附条件下，pH＝ 5.0 时，样品 E 对 Cu^{2+} 吸附量随吸附时间的变化曲线。从图中可以看出，随着吸附的进行，样品 E 对

Cu^{2+}的吸附量不断增大，但增加幅度逐渐减弱，当60～120 min时吸附基本达到平衡。因此本节中所有吸附时间均设定为2 h。

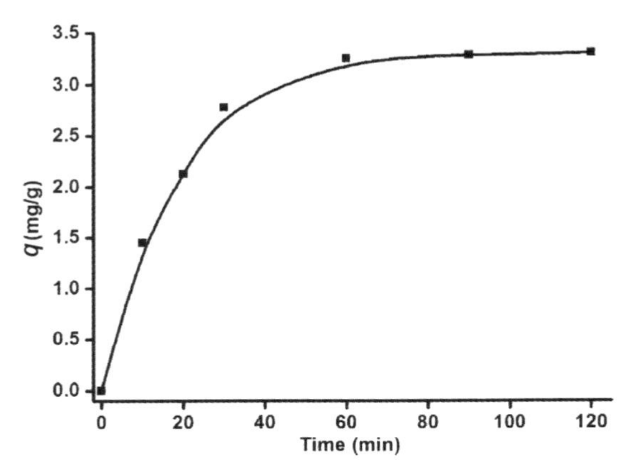

图3-14　样品E对Cu^{2+}吸附量随时间的变化曲线，pH＝5.0，25℃

pH值直接影响了重金属离子在水相体系中的存在形式。体系的pH值对介孔吸附材料的性能有显著的影响。当体系的pH高于7的体系中，铜的主要存在形式是$Cu(OH)_2$[136-137]。这种情况下吸附反应很难进行。因此，本实验中在pH＝2～7范围内，考察了不同初始pH条件下，样品E的Cu^{2+}吸附量。结果如图3-15所示。图中可以看出，强酸性条件下，样品对Cu^{2+}的吸附量极低；随着pH的升高，样品对Cu^{2+}的吸附量不断升高。当pH为5～6时，吸附量达到最高。同时，本实验中还考察了吸附反应前后体系pH的变化情况。从图3-15的内插图中可以看出，吸附后溶液体系的pH均有下降，且吸附量越大时pH下降幅度越大。这是由于吸附过程中，介孔SiO_2结构骨架中的—SH上的H^+和溶液中的Cu^{2+}发生了交换反应，导致了体系pH的下降，且吸附的Cu^{2+}越多，交换产生的H^+越多，体系pH下降程度越大。

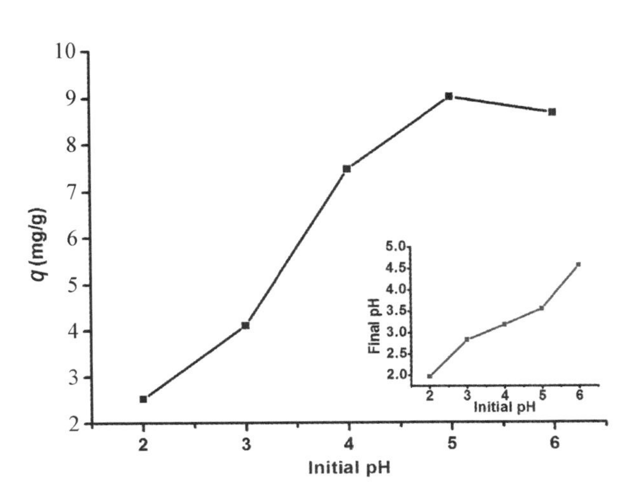

图 3-15　样品 E 对 Cu^{2+} 吸附量随初始溶液 pH 的变化曲线，$C_0 = 2.0$ mmol/L，25℃

从图 3-15 中可以看出体系 pH 对材料的吸附效果有明显的影响，实验结果可以通过巯基官能团对重金属离子的吸附机理加以解释。

巯基—SH 中的 S 原子具有孤对电子，可以和具有空轨道的重金属离子如 Cu^{2+} 形成配位键。而溶液中的 H^+ 也具有空轨道，因此溶液中重金属离子和 H^+ 形成竞争吸附。当体系 pH 较低时，H^+ 浓度较大，竞争能力强于重金属离子，从而导致了巯基对重金属离子的螯合作用减弱，表现为介孔材料对重金属离子的吸附量较低。随着体系中 pH 的升高，H^+ 浓度降低，减弱了和重金属离子的竞争作用，增加了重金属离子和巯基位点的接触并发生螯合反应的几率，表现为介孔材料对重金属离子的吸附量迅速增加。而当体系的 pH 过高时，例如本实验中在 $pH > 6$ 的条件下，我们可以观察到 Cu^{2+} 的水解现象，形成絮状氢氧化物，则不利于吸附反应的进行，亦无法准确衡量介孔材料的吸附性能。因此，本章节中所有吸附实验的初始 pH 均设定为 5.0。在此范围内，巯基可以和 Cu^{2+} 发生离子交换和螯合反应，化学吸附起主导作用。

吸附等温方程是研究吸附平衡状态和在参数影响下变化趋势的数

学模型，可用于表征吸附剂对吸附质的吸附性能。其中较常用的有 Langmuir、Freundlich 和 Redlish－Peterson 模型。

Langmuir 吸附等温方程是第一个有理论根据的等温吸附模型，被广泛应用于各种溶液的吸附体系中。该模型基于的假设条件是吸附过程为单分子吸附，当吸附剂表面被吸附质占满后达到吸附最大值，吸附过程中能量不变且吸附质不发生表面迁移[138]。其表达式如下：

$$q_e = \frac{K_L \times q_L \times C_e}{1 + K_L \times C_e} \tag{3-3}$$

式中，q_e是平衡时的吸附量(mg/g)；K_L是 Langmuir 等温吸附方程式常数；q_L是吸附剂的饱和吸附量；C_e是吸附质平衡浓度(mg/L)。q_e根据式(3－1)计算。

Freundlich 吸附等温方程是经验方程，为多层吸附理论。该模型基于的假设条件是吸附质结合到吸附剂位点的能量由邻近的吸附位点是否被占据决定[139]。且 Freundlich 吸附等温方程考虑到了不均匀表面的情况，适用于描述低浓度气体或溶液的吸附情况。其表达式如下：

$$q_e = K_F \times C_e^{\frac{1}{n}} \tag{3-4}$$

式中，q_e是平衡时的吸附量(mg/g)；K_F是 Freundlich 等温吸附方程式常数；C_e是吸附质平衡浓度(mg/L)；n 为常数。

根据 Freundlich 理论，K_F表征吸附剂的吸附能力。n 值反映了吸附剂的不均匀性或反应吸附强度。n 值越大，吸附性能越好。一般认为，当 n 在 2～10 之间时，表示吸附反应容易进行；$n<0.5$ 时，表示吸附反应很难发生。

Redlish－Peterson 吸附等温方程是 Langmuir 和 Freundlich 等温吸附方程的合并式[140-141]，其表达式如下：

$$q_e = \frac{K_R \times C_e}{1 + \alpha_R \times C_e^{\beta}} \tag{3-5}$$

式中，q_e是平衡时的吸附量(mg/g)；K_R，α 是 Redlish – Peterson 等温吸附方程式常数；β是公式指数，介于 0 到 1 之间。Jossens 等人将 β值限定，当 $\beta = 1$ 时，方程式即为 Langmuir 吸附等温方程[142]。

这三个等温吸附方程适用情况有所不同。Langmuir 和 Freundlich 吸附模型都是非竞争性吸附，其中 Langmuir 方程适用于低浓度的吸附情况，Freundlich 方程则适用于高浓度的吸附情况。Redlish – Peterson 吸附方程则不受理想单层吸附假设的限制，适用于不均匀表面的物理化学吸附等情况。

在 25℃，体系 pH=5.0 的条件下，我们考察了样品 E 对 Cu^{2+} 的等温吸附情况，并绘制等温曲线(图 3 – 16)。从图中可以看出，随着 Cu^{2+} 浓度的增加，样品 E 的平衡吸附量也不断增加，最终趋于饱和。

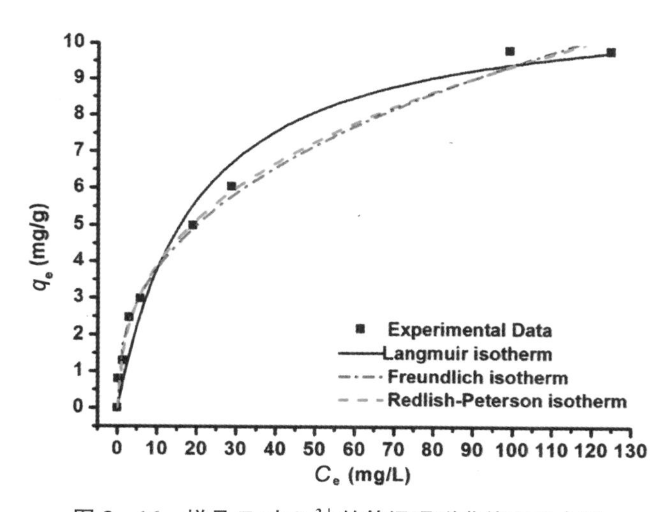

图 3 – 16　样品 E 对 Cu^{2+} 的等温吸附曲线和拟合图

我们采用 Langmuir、Freundlich 和 Redlish – Peterson 模型对实验值进行拟合，这三种模型的拟合情况见图 3 – 16。表 3 – 3 中列出了样品

E 对 Cu^{2+} 的等温吸附曲线经各模型拟合后得到的各参数。

表 3-3 各等温吸附模型的拟合参数

等温吸附模型	拟合参数	拟合结果	
		拟合值	相关系数
Langmuir	K_L(L/mg)	0.05	0.969 6
	q_L(mg/g)	11.33	
Freundlich	K_F(L/g)	1.66	0.999 5
	$1/n$	0.39	
Redlish-Peterson	K_R(L/mg)	4.60	0.992 9
	α_R(L/mg)	2.41	
	β	0.65	

从表 3-3 中我们可以得知，样品 E 对 Cu^{2+} 的等温吸附曲线与 Freundlich 和 Redlish-Peterson 模型的符合情况最好，拟合相关系数均大于 0.99，Langmuir 模型对实验结果的拟合情况最差。这说明所制备的巯基化介孔 SiO_2 膜吸附材料对 Cu^{2+} 的吸附并非是理想的单层吸附，吸附位点在介孔孔隙和表面的分布情况具有不均一性，这可能与双硅烷共缩聚法得到的巯基官能团在介孔 SiO_2 中分布的非均一性以及吸附过程中硅羟基对附近巯基的能量分布干扰有关。此外，Freundlich 模型拟合得到的 $1/n$ 值为 0.39，说明实验条件下吸附反应容易进行。

经过 Langmuir 等温吸附模型拟合得到的样品 E 对 Cu^{2+} 的最大吸附量为 11.33 mg/g。经我们测算，样品 E 中含有质量分数 26.98%的介孔 SiO_2。因此，换算成巯基化介孔 SiO_2 对 Cu^{2+} 的最大吸附量为 41.99 mg/g。这个数值和大部分文献报道的巯基化介孔 SiO_2 对 Cu^{2+} 的吸附能力是相当的，并且优于其他一些类型的功能吸附剂。这说明采用这种分步制备得到的巯基化介孔 SiO_2 膜很好地保留了介孔材料比表面积大和吸附能力强等优点。

3.3.5　介孔 SiO_2 膜对 Cu^{2+} 动态吸附性能的研究

以电纺丝聚苯乙烯纤维作为支撑骨架所制备的巯基化介孔 SiO_2 膜保留了电纺丝纤维骨架形成的三维大孔结构，因此其传质效果优于传统的粉体或薄膜吸附材料。表 3-2 显示这种材料具有很高的纯水通量，经计算动态吸附实验中相应的膜渗透通量为 1.30×10^4 L/(h・m^2・bar)，达到了常规微滤膜运行时的通量。因此本节中我们考察了样品 E 在动态循环吸附条件下对 Cu^{2+} 的吸附能力。同时我们将结果与相同方法制备的不含巯基官能团的介孔 SiO_2 膜和商品纤维素滤膜在同等条件下测定的吸附量进行了比较，相应结果列于表 3-4 中。

表 3-4　巯基化介孔 SiO_2 膜与相关吸附材料对 Cu^{2+} 吸附量对比

样　　品	吸附量 (mg/g)
巯基化介孔 SiO_2 膜	16.28
介孔 SiO_2 膜	12.24
商品纤维素滤膜	5.98

从表中我们可以看出，相对于同样具有大孔结构的商品纤维素滤膜，负载有巯基化介孔 SiO_2 的电纺丝纤维膜表现出数倍于其的 Cu^{2+} 吸附能力，这是由于巯基化介孔 SiO_2 提供了大的比表面积和有效的重金属螯合吸附位点。而相对于相同方法制备的负载有不含巯基化介孔 SiO_2 的电纺丝纤维膜，巯基的重金属螯合能力为材料优异的 Cu^{2+} 吸附能力提供了保障。

3.3.6　再生性能研究

吸附剂的再生性能是衡量吸附剂的重要指标之一。通过再生可以实现吸附剂的循环使用，降低处理成本，还可实现对一些如贵金属等有二次利用价值的吸附质进行回收。

常见的吸附剂如活性炭、蒙脱石、壳聚糖和工业化生产的螯合树脂等主要以粉体或块体材料的形式使用。因此,无论从吸附剂的使用还是回收再利用角度考虑均不是十分方便。本实验中制备的巯基化介孔 SiO_2 是自支撑的膜状材料,具有较好的机械强度,吸附和再生过程中使用起来均较方便。我们采用在膜分离装置中原位再生的方法,即不取出吸附膜而直接将洗脱液循环通过吸附膜达到洗脱吸附质的目的。以吸附了 Cu^{2+} 的样品 E 为考察对象,通过稀 HNO_3 和稀 HCl 洗脱的方式研究了该材料的再生性能。每次再生循环后样品 E 对 Cu^{2+} 的平衡吸附量见图 3-17。

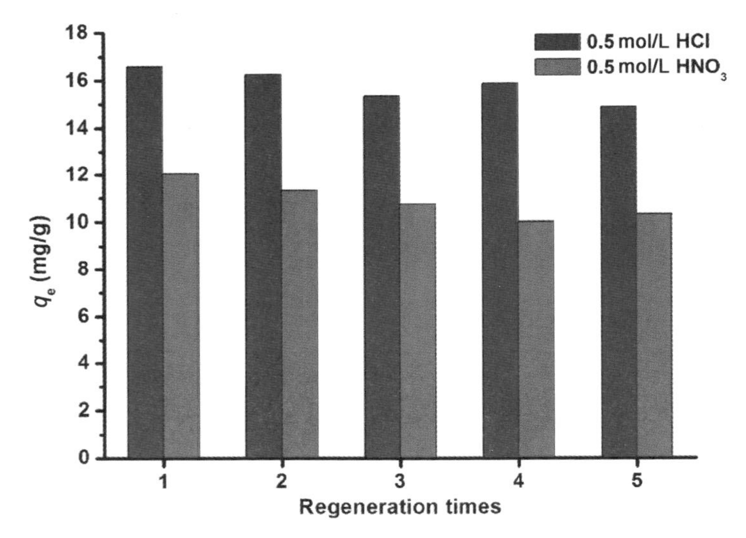

图 3-17　样品 E 再生过程中的平衡吸附量变化情况

图中可见,采用 0.5 mol/L 的 HCl 溶液作为洗脱液时,经过 5 次吸附再生循环后样品 E 对 Cu^{2+} 的吸附容量略有下降。这是由于一方面每次再生过程中均有一定的—SH 损耗,另一方面可能存在极少部分的—SH 和 Cu^{2+} 形成了稳定的配位体,实验条件下无法完全洗脱而导致。此外,我们还发现当采用 0.5 mol/L 的 HNO_3 溶液作为洗脱液时,经过 5 次吸附再生循环后样品 E 对 Cu^{2+} 的吸附容量下降较为明显,达到1/4

左右。我们认为这主要是由于具有氧化性的 HNO_3 对—SH 的破坏所造成[143]。因此，较之 HNO_3，采用 0.5 mol/L 的 HCl 溶液作为洗脱液可以较好地实现对材料的重复利用。

3.4　本章小结

针对第 2 章中采用电纺丝技术直接制备具有介孔结构的巯基化 SiO_2 纤维膜时所遇到的纺丝条件可控性不高和介孔结构有序度较差等问题，本章中我们尝试采用了分步制备的方法。首先制备电纺丝高分子聚合物纤维膜，并通过优化前驱体溶胶中相关组分的配比得到有序介观相的溶胶。之后将该溶胶浇注于电纺丝纤维膜内，经过溶剂挥发诱导自组装过程后除去表面活性剂，最后我们得到了以电纺丝纤维为支撑骨架的巯基化有序介孔 SiO_2 膜(图 3-18)。

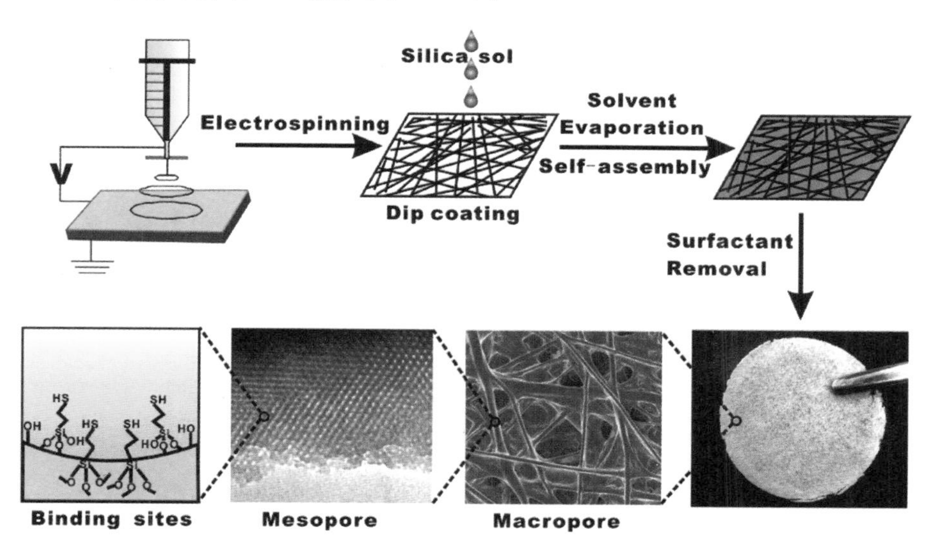

图 3-18　以电纺丝 PS 纤维为支撑骨架分步制备介孔 SiO_2 膜的路线图和多层次结构示意图

由于电纺丝过程的各项参数方便可调，以及 EISA 方法合成介孔材料过程简单可控，这种分步制备的方法使得我们可以充分优化这两个独立的过程，从而得到具有高度有序功能化介孔 SiO_2 膜。此外，基于灵活多样的硅烷共缩聚法制备功能化介孔材料这种策略，这种方法可以制备出更多种类的功能化介孔薄膜。

这种具有大孔-介孔-巯基官能团的多层次结构使得这种吸附材料同时具备了较低的传质阻力和较高的吸附分离性能。对 Cu^{2+} 的吸附试验结果表明，以电纺丝纤维为支撑骨架的巯基化有序介孔 SiO_2 膜可以在动态大通量条件下实现对重金属离子的有效吸附和富集，且材料的再生操作简单，经 5 次再生后仍具有较好的吸附性能。可以预见，这种具有多层次结构的功能材料在吸附分离、催化和传感等领域具有良好的应用前景。

第4章

电纺丝纤维为支撑骨架的金属有机框架化合物膜的制备及性能研究

4.1 本章引论

金属有机框架化合物(Metal-organic Frameworks,MOFs)是一种新型的无机多孔材料,是纳米多孔材料领域的新兴成员,在过去的几十年里发展十分迅速。拥有巨大的比表面积是MOFs材料的一个重要特征,其发达的空旷结构主要是通过有机配体和金属离子的适当组装来实现,对于它的研究主要集中在寻找、设计和合成新的有机配体以得到更大比表面积和更多功能的MOFs材料。与传统的微介孔材料相比,MOFs材料的孔结构更为发达,功能可调性极大,晶体结构变化无穷,这些特点使得MOFs材料在吸附分离[12]、气体存储[13]、催化[11, 14]、分子识别[144-147]和生物模拟等领域引起了人们的极大关注。因此,将各种MOFs制备成膜,将大大推进其在实际应用中的发展[148]。

由于MOF的合成过程中,MOF晶粒通常以松散的形式沉积在反应容器的底部,因此为了使MOFs晶体可以紧密地结合于载体上,目前已报道的制备MOF膜的相关工作均是基于分子筛膜的设计理念。一般来说,制备 MOF 膜的方法可以分为原位合成法和晶种生长法。原位生长法是直接将载体放置于反应溶液中进行晶化沉积，最后得到连续致密的 MOF 膜。原位生长法主要需要解决的问题就是如何控制 MOF 晶体的成核过程，抑制其在溶液中的生长，并诱导其在载体上生长。晶种生长法是预先在载体的表面涂布一层纳米 MOF 晶种，然后以这种载有晶种层的载体进行二次生长，诱导溶液中 MOF 在载体表面成核，最后得到 MOF 膜。晶种生长法主要需要解决的问题就是如何控制载体表面涂布的晶种层的稳定性和均匀性，避免二次生长过程中出现晶体剥离和生长不均匀的情况。有关 MOF 膜的初期工作主要集中在如金片、硅片、石墨和刚玉等致密支撑体上通过表面修饰有机基团和调节表面化学性质等方式诱导 MOF 生长成膜[148-153]。Fischer 课题组通过在 Au 片表面修饰由巯基固定的长链烷基羧酸，利用其端基的羧基和 MOF－5 中的 Zn^{2+} 配位起到桥连载体和 MOF－5 晶体的作用，从而得到的 Au 载体支撑的 MOF－5 薄膜（图 4－

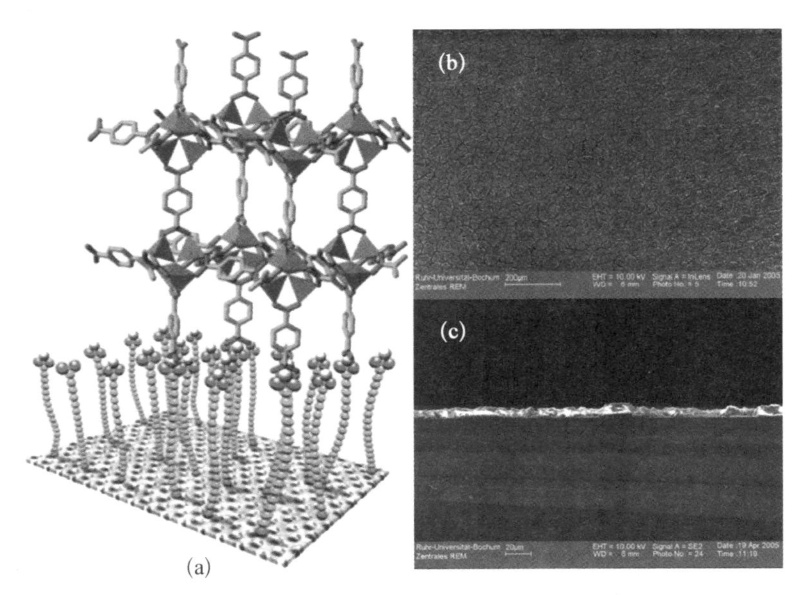

图 4－1 (a) 修饰有烷基羧酸的金片表面生长 MOF－5 示意图；(b) MOF－5 膜表面 SEM 照片；(c) MOF－5 膜截面 SEM 照片[154]

1)。并且通过将Pd纳米簇通过化学沉积的方式置于MOF-5膜中使得这种金属有机框架化合物膜可以用于催化加氢反应[153-154]。T. Bein课题组在羧基修饰的金片表面得到了取向生长的Fe-MIL-88B,而同样合成条件下溶液相里得到是不同晶型的Fe-MIL-53[149]。此外,该课题组还发现金片表面修饰基团的不同直接影响生长出的HKUST-1晶体的晶面取向,如—OH参与晶体生长并取向(111)晶面、—COOH作为配体结构类似物参与晶体生长则取向(100)晶面,而—CH_3不参与晶体生长则随机取向,XRD结果证明了这一点(图4-2)[150]。

在实际应用中,特别是利用MOF的分子筛分性质用于气体分离

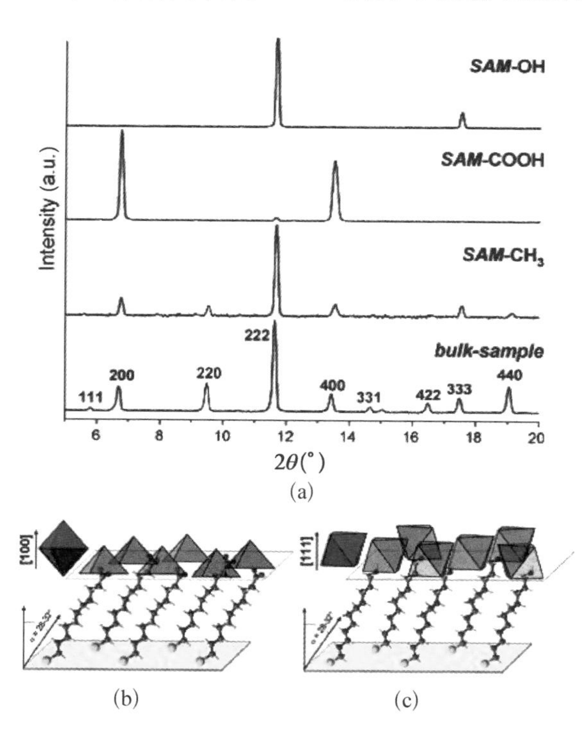

图4-2 (a)在修饰不同基团的金片表面生长的HKUST-1膜的XRD谱图;(b)修饰羧基和(c)羟基的金片表面生长的HKUST-1晶面取向示意图[150]

时，生长 MOF 的载体则须具备良好的气体渗透性能。因此，如多孔 Al_2O_3，TiO_2 等支撑体多被用作 MOF 生长的刚性载体。这方面，新加坡南洋理工大学的 Lai 课题组[155-156]，美国 Texas A&M 大学的 Jeong

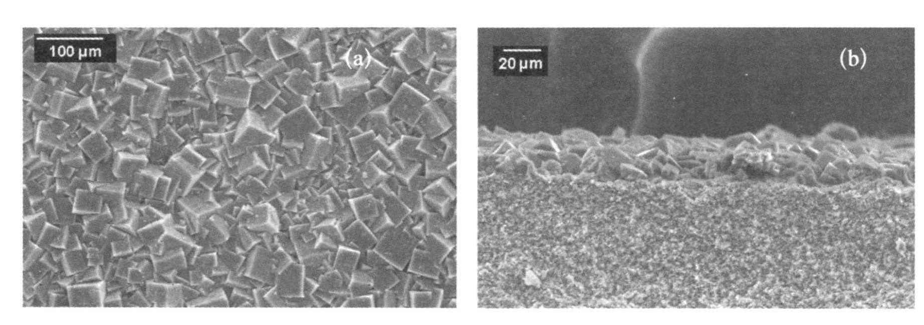

图 4-3 以多孔 α-Al_2O_3 为支撑体制备的 MOF-5 膜。
(a) 平面 SEM 图；(b) 截面 SEM 图[156]

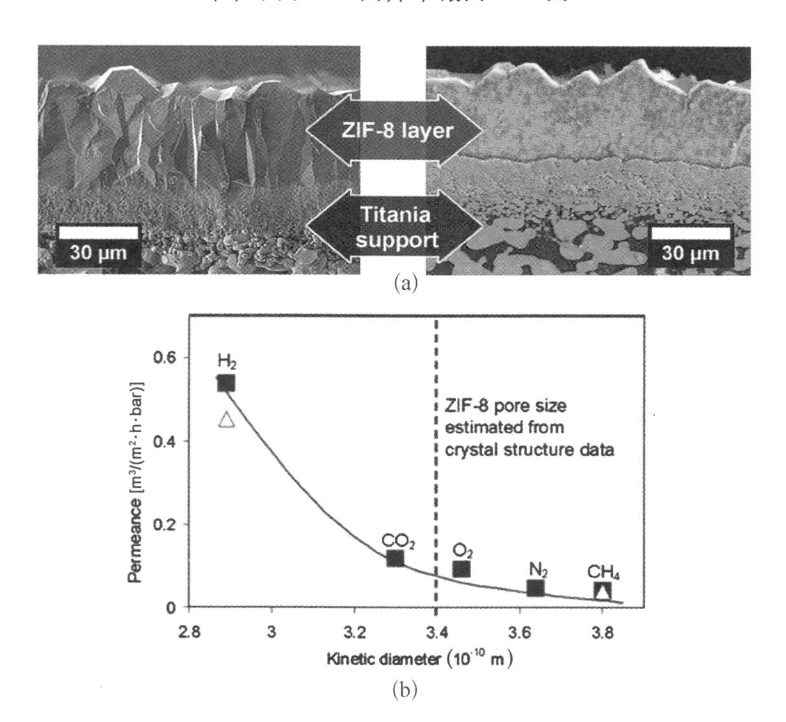

图 4-4 以多孔 TiO_2 为支撑体制备的 ZIF-8 膜。(a) 左：截面 SEM 图，右：EDX 元素分布图；(b) ZIF-8 膜对各单一组分气体的渗透率[165]

课题组[156-159]，德国汉诺威大学的 Caro 课题组[160-163]，我国吉林大学的朱广山课题组等相继报道了一系列类似的工作[164]。例如，Lai 等人在多孔 α-三氧化二铝为载体制备了连续致密的 MOF-5 膜，该膜对 H_2、CH_4、N_2、CO_2和 SF_6的单组分气体渗透数据符合努森扩散规则。Caro 等人在多孔 α-氧化铝和二氧化钛为载体制备了 ZIF-7、ZIF-8 和ZIF-22 等一系列 ZIFs 膜，并成功用于 H_2和 CO_2、O_2、N_2、CH_4的混合气体中 H_2的高效分离。朱广山等人以铜网为载体，利用双铜源生长法制备了 HKUST-1 金属有机框架化合物膜，这种方法克服了传统晶体生长过程中非均相成核和二次生长所导致的晶体不均一和颗粒较大等缺点，通过均相成核和原位生长的方式得到了连续生长的 HKUST-1 膜。

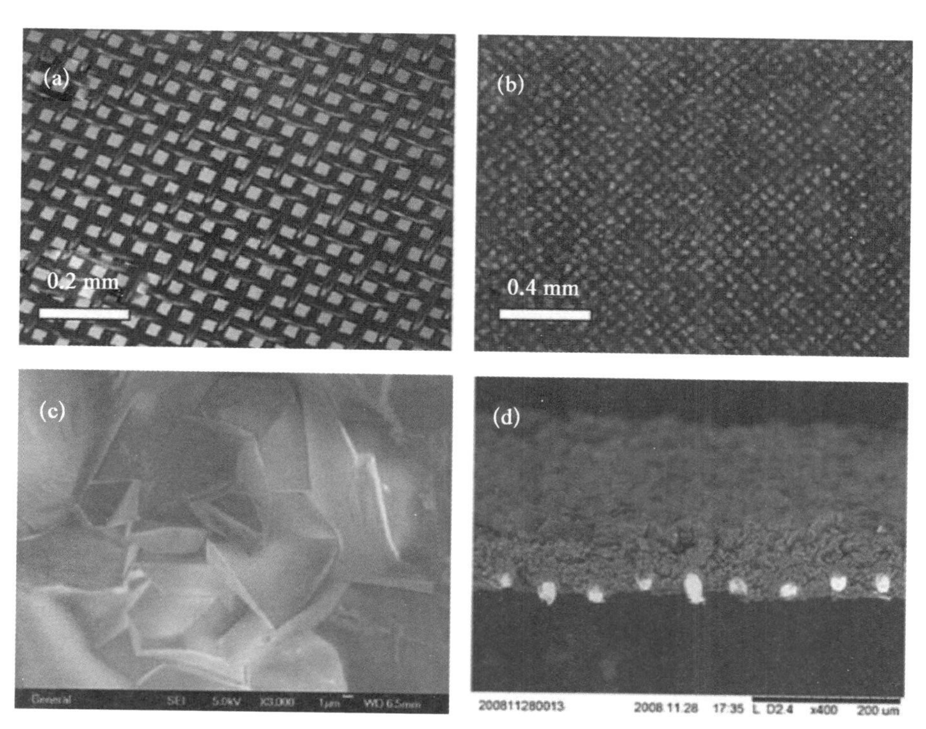

图 4-5　以铜网为支撑体制备的 HKUST-1 膜。(a) 铜网的光学照片；(b) HKUST-1 膜的光学照片；(c) HKUST-1 膜的平面 SEM 图；(d) HKUST-1 膜的截面 SEM 图[164]

对 MOF 膜的研究正处于起步阶段，相关工作均是基于分子筛膜的制备原理和工艺。大部分 MOF 膜的载体沿用了制备分子筛膜时所使用的多孔 SiO_2、Al_2O_3等材料。而采用这些材料作为载体时，为了得到质量较好的 MOFs 膜，对载体的表面性质提出了较高的要求，例如载体表面精细打磨、表面修饰或晶种涂布等前处理方式大大增加了制备 MOF 膜的工艺复杂性和难度。因此，发展新一类具有多孔结构且适合 MOF 晶体生长的支撑体材料成为该领域的一个重要研究方向。

电纺丝作为一种可以快速制备各种微纳米尺度纤维的新兴技术，由于其极高的制备效率和成熟的制备工艺，可用于制备大多数具有三维多孔结构的有机、无机和杂化纤维膜材料。纤维膜的表面性质可以由其本身的化学组成或通过后修饰和掺杂等各种方式加以调节。

本章中，我们提出了以电纺丝技术制备掺杂 MOF 纳米颗粒的多孔纤维膜作为含有晶种层的支撑体材料，通过二次生长的方法制备 MOF 膜的思路和策略，并尝试研究该材料对 CO_2/N_2混合气体的吸附分离行为。我们希望采用这种策略发展出一种制备多层次大孔-微孔材料的新方法。

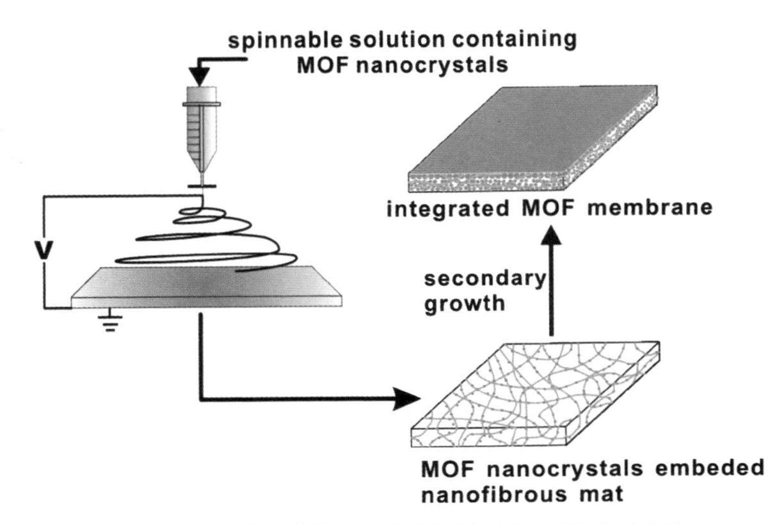

图 4-6　以电纺丝纤维为支撑骨架制备 MOF 膜示意图

4.2　实验部分

4.2.1　实验试剂

六水合硝酸锌[$Zn(NO_3)_2 \cdot 6H_2O$]，2-甲基咪唑(2-methylimidazole, Hmim)，二水合甲酸钠($NaCOOH \cdot 2H_2O$)，聚苯乙烯(Polystyrene, PS，平均分子量 260 000)购于 Alfa Aesar。N,N-二甲基甲酰胺(N,N-Dimethylformamide, DMF)，无水甲醇(CH_3OH)购于国药北京化学试剂公司。以上药品使用前没有经过纯化。

4.2.2　ZIF-8 微/纳米晶体的制备

将 1.46 g 六水合硝酸锌搅拌溶解于 50 mL 无水甲醇中，随后加入 0.61 g 2-甲基咪唑，室温下搅拌溶解后将溶液转移至聚四氟乙烯内衬的不锈钢反应釜中。将反应釜置于 65℃条件下静置反应 24 h。冷却后将溶液离心得到白色粉末，并用无水甲醇洗涤数次，60℃真空干燥 24 h 并置于干燥器中备用。根据文献[160]报道，这种方法得到应为微米级 ZIF-8 晶体。

将 0.45 g 六水合硝酸锌搅拌溶解于 100 mL 无水甲醇中，随后加入 2.16 g 2-甲基咪唑，室温下搅拌 12 h，最终得到乳白色的混浊溶液。离心后用无水甲醇洗涤数次，65℃真空干燥 24 h 后得到白色粉末并置于干燥器中备用。根据文献[166]报道，这种方法得到应为纳米级 ZIF-8 晶体。

4.2.3　ZIF-8 纳米晶体掺杂的电纺丝纤维膜的制备

先配置质量分数为 20% 的 PS/DMF 纺丝液：将 2.00 g PS 溶解在

8.00 g DMF 中，搅拌 6 h 得到透明澄清的纺丝液。取一定量的 ZIF－8 纳米晶体粉末超声分散在 20%的 PS/DMF 纺丝液中配置成 ZIF－8/PS/DMF 纺丝液。将配置好的纺丝液置于 10 mL 的玻璃注射器中，注射器针头为不锈钢材质，内径约为 0.8 mm。以注射器针尖为阳极，滚筒收集器为阴极，阳极和阴极间距离固定为 15 cm，两极间所加静电电压为15 kV，以注射泵推动注射器内溶液向外流动，推进速率设定为 1.0 mL/min，在滚筒收集器外覆的铝箔作为接受板收集电纺丝纤维。纤维膜的后处理采用如下方法：将上述电纺丝纤维膜置于 105℃烘箱中热处理 30 min 左右使纤维膜适度交联以增加其机械强度。最后用无水甲醇洗涤纤维膜数次，60℃真空干燥 24 h 后置于干燥器中备用。

4.2.4 ZIF－8 膜的制备

ZIF－8 生长母液的配置：将 1.00 g 六水合硝酸锌搅拌溶解于 35 mL无水甲醇中，随后加入 0.40 g 2－甲基咪唑，室温下搅拌溶解。

将直径 25 mm 的 ZIF－8 纳米晶体掺杂的圆形电纺丝纤维膜片垂直放入聚四氟乙烯内衬的不锈钢反应釜中，并加入 ZIF－8 生长母液。之后将反应釜置于 65℃条件下静置反应 12 h 后取出膜片，用无水甲醇洗涤数次后再次放入新的生长母液中，以上过程共进行 4 次。在第 5 次循环的生长母液中额外加入 0.68 g 二水合甲酸钠，其他条件不变。最后将膜片从反应釜取出，用无水甲醇洗涤后于 60℃真空干燥 24 h 后置于干燥器中备用。

4.2.5 ZIF－8 膜气体渗透性能的表征

主要表征了制备的 ZIF－8 膜对 CO_2 和 N_2 单组分和 CO_2/N_2 混合气体的吸附渗透效果。表征手段和测试方法：

① 气相色谱(GC)：岛津 SHIMADZU GC－8A 气相色谱仪，载气

为 Ar 气。采用热导检测器，检测器温度 100℃；色谱柱 TDX－01，柱温 40℃。

② 气体渗透装置：如图 4－7 所示，装置与气相色谱仪联用。

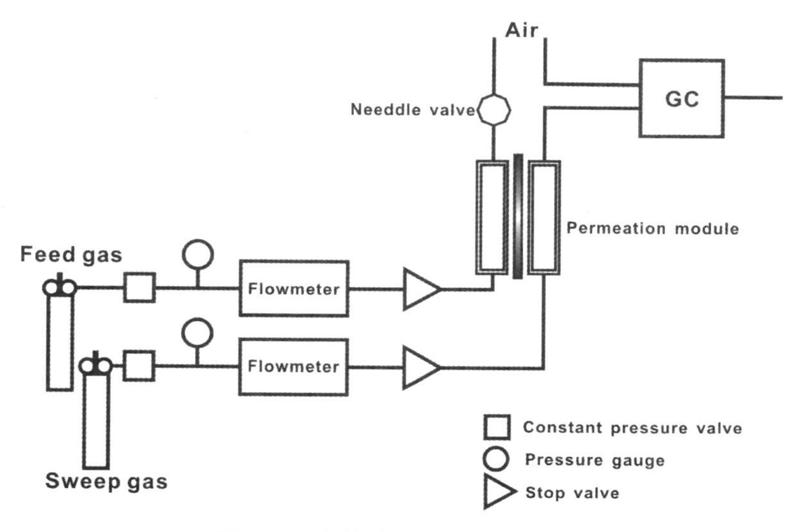

图 4－7　气体渗透测定装置示意图

绘制各气体在气相色谱中的标准曲线：用皂膜流量计标定载气和样品气体流速 f(mL/min)，在气相色谱中读出相应的峰面积。以样品气体流速与载气流速的比值为纵坐标，以测得的峰面积为横坐标作图并建立标准曲线。如图 4－8 所示。

测定 ZIF－8 膜对 CO_2 和 N_2 单组分气体的通量 P[mol/(m^2 · s)]：将 ZIF－8 膜放置于气体分离装置中，膜正面和 CO_2 或 N_2 气体接触，膜背面用吹扫气吹扫，吹扫气为 Ar 气。测定温度为 25℃，并预先稳定 2 h。测定时，膜反面连接气相色谱，根据读出的峰面积在标准曲线中得到样品气体的流速并计算其通量 P，由式(4－1)计算：

$$P = \frac{f}{S} = \frac{f}{1\,000 \times 22.4 \times 60 \times S} \qquad (4-1)$$

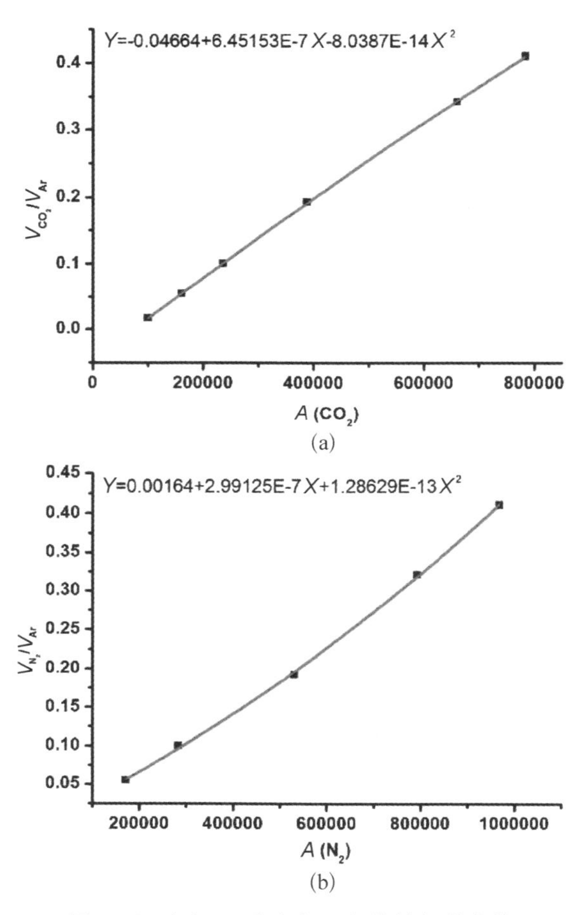

(a)

(b)

图 4-8　(a) CO_2和(b) N_2气体的标准曲线

式中，f 为气体流速(单位为 mL/min)；S 为膜面积(单位为 m^2)；22.4为气体摩尔体积。

测定 ZIF-8 膜对 CO_2/N_2 混合气体中各组分气体的通量[mol/(m^2 · s)]：将 ZIF-8 膜放置于气体分离装置中，膜正面和体积比1∶1的 CO_2/N_2 气体接触，膜背面用吹扫气吹扫，吹扫气为 Ar 气。测定温度为 25℃，并预先稳定 2 h。测定时，膜反面连接气相色谱，根据读出的峰面积在标准曲线中得到样品气体的流速并计算其通量。

4.3　结果与讨论

4.3.1　ZIF－8 微/纳米晶体的表征

如图 4－9 所示，Zn^{2+} 和与四个 Hmim 通过 N 原子桥连构成共角相连的四面体，形成的四面体再和相邻的 Zn^{2+} 和 Hmim 相连形成具有三维结构的晶体结构。

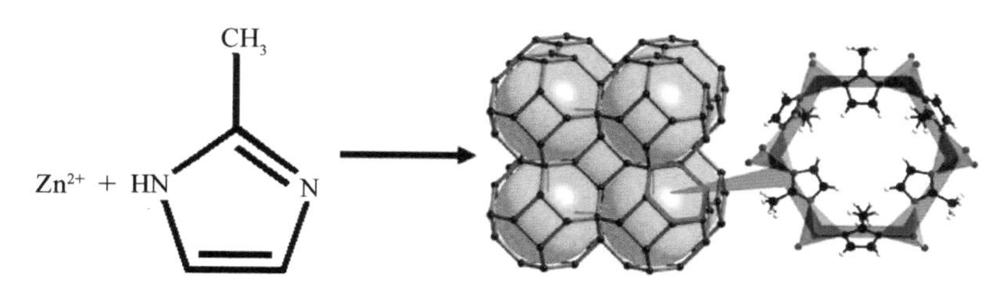

图 4－9　ZIF－8 晶体合成示意图

图 4－10(a)，(b)和(c)，(d)分别是合成出的纳米和微米级的 ZIF－8 晶体的 SEM 和 TEM 图。从图中可以看出，纳米级 ZIF－8 晶体的直径在 50 nm 以下，而微米级 ZIF－8 晶体的直径普遍在 1 μm 左右，与文献中报道的立方体形貌完全相符。而这种尺寸上的差别主要是由组成 ZIF－8 晶体的 Zn^{2+} 和 Hmim 在反应体系中的相对比例所决定。其中，当 Zn^{2+} 和 Hmim 的比例为 1∶1.5 时得到的是微米级的 ZIF－8 晶体；而当 Hmim 的相对比例提高到 1∶8 时，得到的是纳米级的 ZIF－8 晶体。这主要是因为 ZIF－8 的形成过程同时也是 Hmim 脱质子并与 Zn^{2+} 配位的过程，当体系中存在过量未脱质子的中性 Hmim 时，则 Hmim 起到了中止晶体生长并稳定带正电的纳米晶体，这种条件下可以得到纳米尺寸的 ZIF－8 晶体。

图 4－11 是合成出的纳米和微米级的 ZIF－8 晶体的 XRD 图。

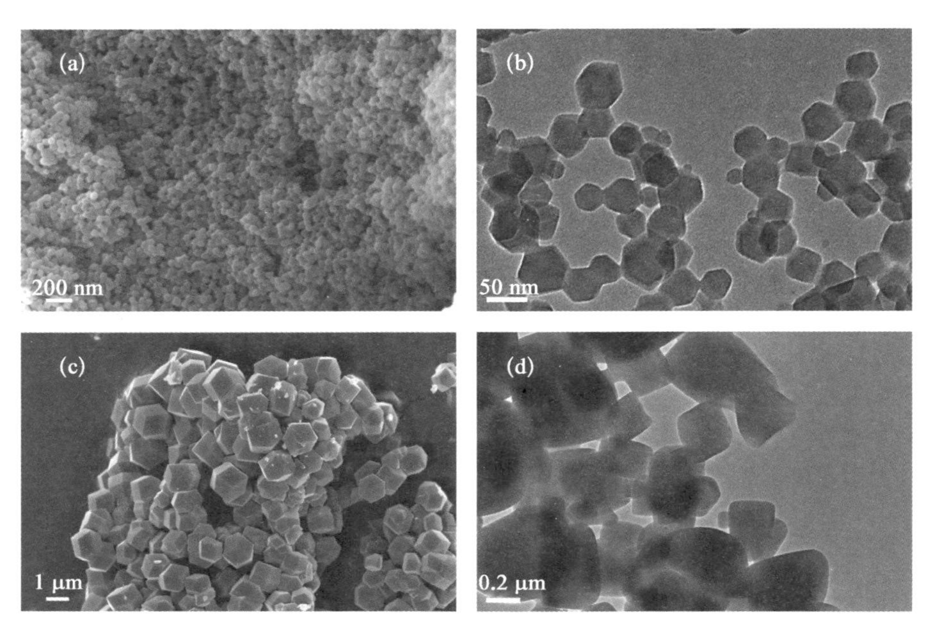

图 4-10 (a) ZIF-8 纳米晶体的 SEM 图和(b) TEM 图；(c) ZIF-8 微米晶体的 SEM 图和(d) TEM 图

对比可知二者的特征峰位均与文献[23]报道的 ZIF-8 标准 XRD 谱峰相一致，但由溶剂热条件下得到的 ZIF-8 微晶的峰强更强，意味着其结晶程度更好，孔道结构更有序。XRD 结果说明 Zn^{2+} 和 Hmim 在反应体系中的不同比例只能对晶体尺寸产生影响，而不影响其晶体结构。

此外，以溶剂热条件下得到的 ZIF-8 微晶为例，我们还考察了其吸附性能。图 4-12 是 ZIF-8 的 N_2 吸附-解吸等温线及孔径分布曲线。从测试结果中可以看出，ZIF-8 样品呈现典型的 Langmuir I 型微孔吸附曲线，BET 比表面积为 1 827 cm^2/g，其中微孔比表面积为 1 789 cm^2/g；孔容为0.70 cm^3/g，其中微孔孔容 0.68 cm^3/g；孔径分布较窄，主要集中在 1.0 nm 以下。该结果和 Yaghi 课题组报道合成的 ZIF-8 材料(BET 比表面积1 630 cm^2/g，孔容 0.64 cm^3/g)保持一致[23]，结果说明所合成

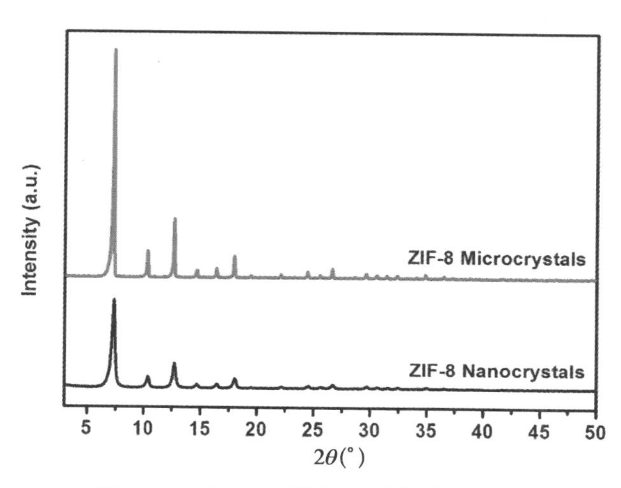

图 4-11　ZIF-8 微/纳米晶体的 XRD 图

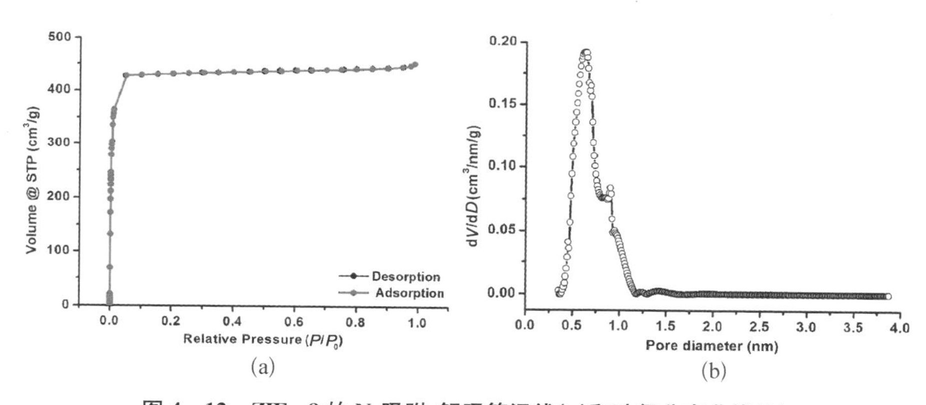

图 4-12　ZIF-8 的 N_2 吸附-解吸等温线(a)和孔径分布曲线(b)

的 ZIF-8 是典型的微孔材料，且比表面积远大于常规的沸石和介孔分子筛材料。

4.3.2　ZIF-8 膜的制备和表征

图 4-13 是掺杂质量分数为 2%的 ZIF-8 纳米晶体的电纺丝纤维 SEM 和 TEM 图，从中可以看出纤维直径约为 1 μm 左右，ZIF-8 纳米晶体颗粒在纤维表面和内部呈随机分布。

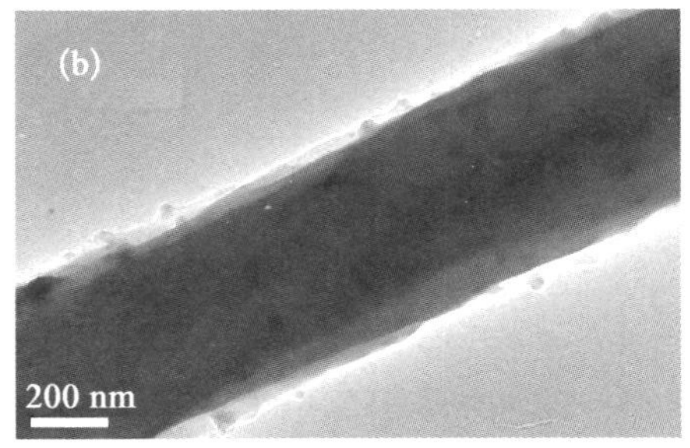

图 4-13　掺杂 2%ZIF-8 纳米晶体的电纺丝纤维(a) SEM 图和(b) TEM 图

一方面将掺杂有 ZIF-8 纳米晶体的电纺丝纤维作为支撑体;另一方面暴露于纤维表面的 ZIF-8 纳米晶体则可以作为二次生长所需要的晶种层,为在溶剂热条件下继续生长 ZIF-8 微晶提供适合的附着位点。图 4-14 是二次生长过程中纤维表面晶体生长情况的 SEM 图。从图中可以看出,伴随着二次生长过程的进行,ZIF-8 晶体不断沉积于纤维表面及内部。首先以纤维表面的 ZIF-8 纳米晶体为成核位点进行 ZIF-8 微晶的生长。当 ZIF-8 微晶占据了大部分纤维表面之后,以它们为新的成核位点,更多的 ZIF-8 微晶填充于纤维内部的三维大孔空间。从图 4-14(e),(f)中可以看出,当完成第 4 次二次生长后,掺杂有 ZIF-8 纳米晶体的电纺丝纤维膜基本完全被直径约为 2～3 μm 的 ZIF-8 微晶覆盖,晶体之间呈现不连续分布,具有较大的孔隙,并且这种填充贯穿于整个纤维膜的内部。

根据文献[159],我们在第五次生长的生长母液中加入了甲酸钠,观察该体系条件下 ZIF-8 晶体的生长情况。从图 4-15(a)可以看出,当生长母液中添加甲酸钠后,得到的 ZIF-8 晶体直径明显增大并呈柱状取向生长,晶体互生情况明显,大部分区域呈连续分布,但仍存在部分晶间缺陷。甲酸钠调节了体系的 pH 环境并使得 2-甲基咪唑中的脱质子化更加倾向更加明显,促进了晶体的外延生

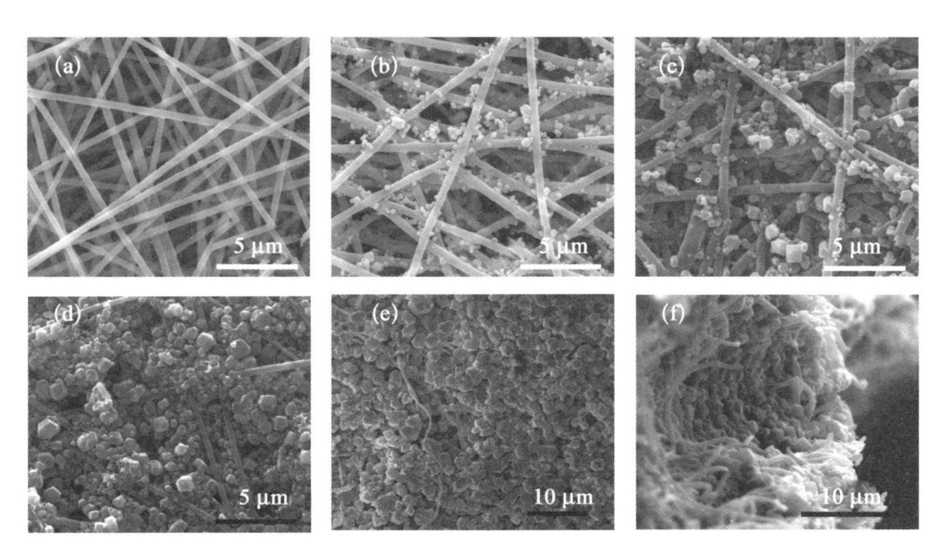

图 4－14　(a) 原始纤维膜;(b) 生长 1 次;(c) 生长 2 次;(d) 生长 3 次;
(e) 生长 4 次的平面 SEM 图;(f) 生长 4 次的截面 SEM 图

长,增加了晶体粒径。在截面图 4－15(b)中可见,由下至上前四次和第五次沉积的 ZIF－8 晶体颗粒尺寸存在明显差别。经过连续 5 次的二次生长过程,我们得到了 ZIF－8 微晶连续填充覆盖的自支撑膜[图 4－15(c)]。我们还通过对其进行广角 XRD 测试,结果证实了其内部填充的晶体为典型的 ZIF－8 金属有机框架化合物(图 4－16)。

图 4－15　(a) 经过第 5 次生长的 ZIF－8 膜平面 SEM 图;
(b) 截面 SEM 图;(c) 光学照片

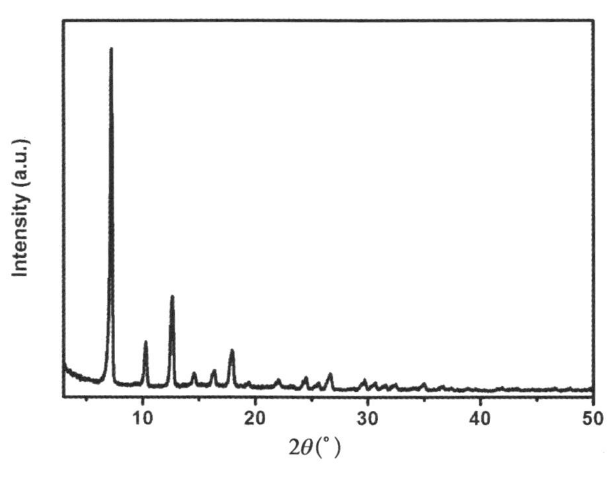

图 4-16　ZIF-8 膜的广角 XRD 谱图

作为对照，我们用不掺杂 ZIF-8 纳米晶体的电纺丝聚苯乙烯纤维膜作为基体，结果发现经过相同的二次生长，ZIF-8 晶体无法在纤维表面生长而沉积在溶液相中，无法得到理想的 ZIF-8 晶体膜。而掺杂有 ZIF-8 纳米晶体的电纺丝聚苯乙烯纤维膜作为基体时，绝大部分 ZIF-8 晶体均成核在纤维表面或膜内部，溶液相中残留的晶体数量非常有限。这说明掺杂的 ZIF-8 纳米晶体在控制晶体在纤维表面的均相成核方面起到了至关重要的作用。

4.3.3　ZIF-8 膜的气体渗透性能

以 ZIF-8 纳米晶体掺杂的电纺丝纤维作为支撑骨架和晶种层，采用二次生长的方法，我们得到了自支撑的 ZIF-8 晶体膜。一方面，微米级 ZIF-8 晶体连续地填充于三维大孔结构的电纺丝纤维膜内部，互生的柱状 ZIF-8 晶体覆盖于其表面；另一方面，制备的纤维膜仍然存在部分表面和内部的晶间缺陷。因此，我们考察了所制备的 ZIF-8 膜对 CO_2 和 N_2 的单组份气体渗透性能以及 CO_2/N_2 混合气体中各组分的渗透分离性能。

单组份气体渗透性能：我们考察了 CO_2 和 N_2 在 ZIF－8 膜中的渗透性能。进样侧气体流速为 20 mL/min，膜渗透侧吹扫气 Ar 气流量为 80 mL/min，根据峰面积计算气体流速和渗透速率。表 4－1 列出了两种气体的分子动力学直径和渗透速率。结果显示，25℃和气体自生压力条件下，ZIF－8 膜对两种气体的渗透速率顺序是 $N_2 > CO_2$。结合两种气体的分子动力学直径：N_2（0.36 nm）> CO_2（0.33 nm），分子尺寸越大的气体渗透流量越大，说明此膜对 CO_2 和 N_2 的渗透机理并非基于努森（Knudsen）扩散原理，即 Knudsen 扩散是依据分子量的不同而进行分子筛分的，分子的扩散速率和分子量的平方成反比。而由于 CO_2 和 N_2 的气体分子量相当接近，所以 Knudsen 扩散并非是主要的影响因素。

表 4－1　ZIF－8 膜对单组份气体的渗透性能

气体	分子动力学直径(nm)	渗透速率[mol/(m^2·s)]
CO_2	0.33	5.3×10^{-3}
N_2	0.36	3.4×10^{-2}

我们认为，ZIF－8 对 CO_2 的亲和作用是导致其对 CO_2 和 N_2 渗透性能差异的主要原因。根据文献[167]，当 ZIFs 晶体用于气相色谱柱填充材料分离 CO_2/N_2 时，CO_2 由于和 ZIFs 存在较强的相互作用而吸附在晶体孔道中，非极性的 N_2 则通过颗粒间的孔隙而先于 CO_2 出峰。这种相互作用主要是指 ZIFs 骨架中的 N 原子和具有强偶极矩（quadrupolar）的 CO_2 之间存在的作用力。另外，ZIF－8 具有直径0.34 nm的笼状微孔结构和 CO_2 分子的分子动力学直径相类似。因此，相对于 N_2，CO_2 更容易被束缚于晶体孔道中而不容易脱附。基于上述两种原因的综合作用，N_2 的渗透速率要高于 CO_2。

CO_2/N_2 混合气体渗透分离性能：我们考察了等体积 CO_2/N_2 混合

气体中 CO_2 和 N_2 在 ZIF－8 膜中的渗透分离性能。进样侧混合气体流速为 20 mL/min，膜渗透侧吹扫气 Ar 气流量为 80 mL/min，根据峰面积计算气体流速和渗透速率。表 4－2 列出了两种气体的渗透速率和分离比。从表中可以看出，在 25℃ 和自生压力条件下，相对于单组分气体，混合气体中 CO_2 的渗透速率基本保持不变，而 N_2 的渗透速率则有所下降。这是由于当混合气体中 CO_2 优先吸附于 ZIF－8 微孔中后一定程度阻碍了 N_2 在 ZIF－8 中的扩散。但这种阻碍效果不会导致 N_2 渗透速率的锐减，主要是因为制备的 ZIF－8 膜存在晶间缝隙，吸附性较弱的 N_2 通过这些缝隙渗透至膜的另一侧。表 4－2 中的结果是对 ZIF－8 膜进行了 40 h 的连续稳定性试验得出的平均值。结合图 4－17，我们可以认为，制备的 ZIF－8 膜对 CO_2/N_2 具有较好的筛分作用且稳定性和重现性很好。若设计循环多次的分离过程，可以达到更高的分离效果。

表 4－2　ZIF－8 膜对 1∶1 CO_2/N_2 的渗透性能

气体	渗透速率[mol/(m² · s)]	分离比
CO_2	4.3×10^{-3}	2.37
N_2	1.0×10^{-2}	

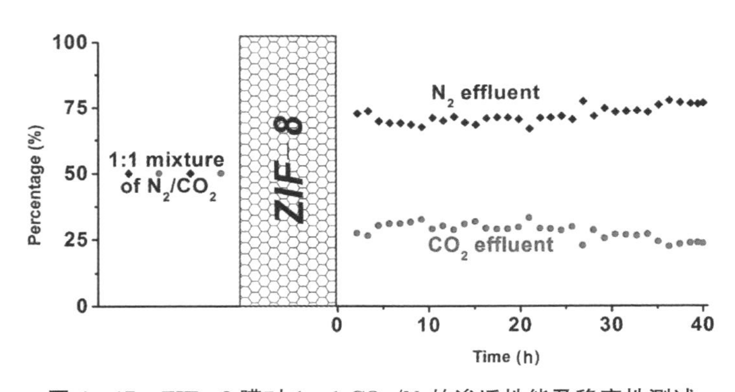

图 4－17　ZIF－8 膜对 1∶1 CO_2/N_2 的渗透性能及稳定性测试

和已报道的一些 MOF 膜对 CO_2/N_2 的渗透分离性能进行比较我们

发现,多层次的孔结构(大孔-微孔)是材料特殊性能的本质来源。以 ZIF－8 纳米晶体掺杂的电纺丝纤维作为支撑骨架制备的 ZIF－8 膜在保证了较好的渗透分离效果的同时具有较高的气体渗透速率,并且不需要额外的附加压力。这主要与三维大孔结构的纤维支撑骨架和紧密填充的 ZIF－8 颗粒层有紧密联系,具有大孔结构的纤维骨架为 ZIF－8 的紧密填充生长提供了巨大的空间,也保证了较高的气体渗透率。具有大比表面积微孔结构和特殊作用位点的 ZIF－8 微孔材料为气体的快速吸附和有效筛分提供了保障。此外,这种制备 ZIFs 膜的方法具有较为普适的特点,通过选择不同的掺杂晶种和合适的生长条件,可以得到一系列 ZIFs 晶体膜。

4.4　本 章 小 结

本章中,基于静电纺丝技术平台我们制备了一种具二级孔(大孔-微孔)结构的金属有机框架化合物(ZIF－8)膜。如图 4－18 所示,主要制备策略是以 ZIF－8 纳米晶体掺杂的电纺丝纤维作为支撑骨架和晶种

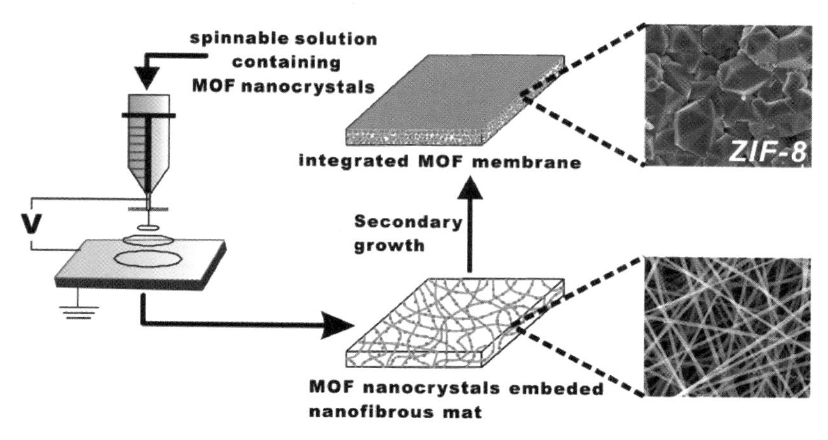

图 4－18　以电纺丝纤维为支撑骨架制备 MOF 膜的路线图及多层次结构形貌

层,采用溶剂热条件下连续二次生长的方法控制 ZIF－8 晶体在纤维表面均相成核并在纤维膜内部紧密生长。最后我们得到了在纤维膜内部紧密堆积并在表面连续互生的自支撑 ZIF－8 膜。

经过一系列的表征手段分析了 ZIF－8 膜的形貌特点以及构成材料主体成分的 ZIF－8 晶体的结构和微孔性能。利用该膜的多层次结构(大孔-微孔),我们考察了其对 CO_2 和 N_2 的渗透分离性能。结果显示,该膜在保证了较好的渗透分离效果的同时具有较高的气体渗透速率。可以预见,这种具有多层次结构的 MOFs 膜材料在吸附分离、催化和传感等领域具有广阔的应用前景。

第5章 具有光子晶体结构的金属有机框架化合物薄膜的制备及性能研究

5.1 本章引论

光子晶体(Photonic Crystal,PC),是由两种或两种以上具有不同介电常数的介质材料在空间按一定的周期性排列所形成的晶体材料。按周期性在空间分布上的不同,可以将其分为一维、二维和三维光子晶体,如图 5-1 所示。

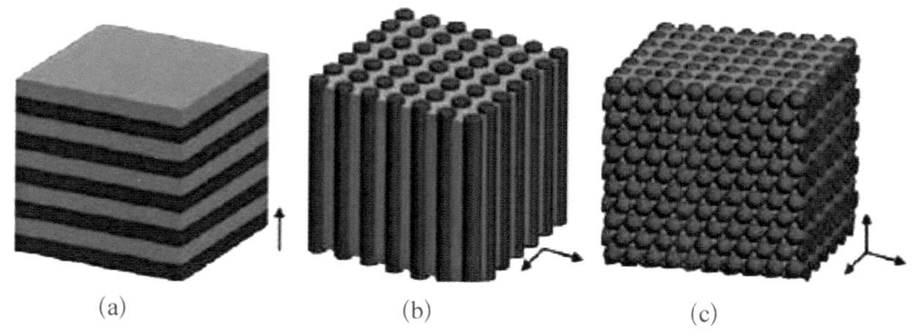

图 5-1 (a) 一维、(b) 二维和(c) 三维光子晶体空间结构示意图[168]

自然界中存在多种具有光子晶体结构的物质。例如蛋白石(opal)就是由直径在 150～400 nm 的单分散 SiO_2 球形颗粒紧密堆积而成

(图 5-2)[169-170]。由于这种周期性重复结构与可见光波长尺度近似，因此基于光波的布拉格衍射原理，蛋白石表现出单纯 SiO_2 颗粒本身所不具有的斑斓颜色。但是大多数光子晶体的周期性电介质结构仍需要通过人工加工制备，即通过将一种介质周期性材料排列于另一种介电系数不同的介质中。

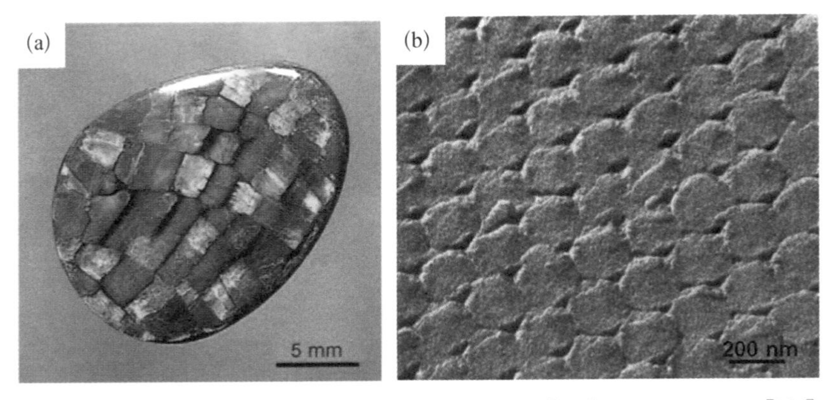

图 5-2 (a) 具有三维光子晶体结构蛋白石的照片[169]及(b) 微观结构[170]

光子晶体的制备方法有很多，基本归结为两种制备策略，一种是自上而下(Top-down)技术，如传统的机械加工法[171-173]，逐层叠加法[174-176]等；另一种是自下而上(Bottom-up)技术，以亚微米尺度的介质单元周期性堆积，形成特定结构。其中自组装(Self-assembly)的方法可以十分方便地得到各种材料的光子晶体，其实验条件简单，制作成本低，因而成为制备光波段光子晶体的主要方法之一。

自组装方法又称胶体晶体法，是一种利用表面带有同种电荷的单分散胶体颗粒的自组织特性自发地形成有序排列结构制备光子晶体的方法。通过将胶体微球[如 SiO_2 微球、聚苯乙烯(PS)微球、聚甲基丙烯酸甲酯(PMMA)微球等]按一定浓度分散于溶剂中，在颗粒之间的电荷相互作用及自身重力作用下自动聚集排列形成周期性的蛋白石结构光子晶体，又称为胶体晶体(Colloidal Crystals)。其中，垂直沉积法是三维胶体晶体制备方法最简单的一种。将基底垂直或以一定角度倾斜浸入胶体颗粒的分散液中，在基底表面形成弯液面，在恒定温度下随着分散液中溶剂的不断挥发，液面逐渐下降，在毛细作用力作用下使溶液向基底表面流动并带动胶体颗粒自发组装到基底表面形成有序结构。

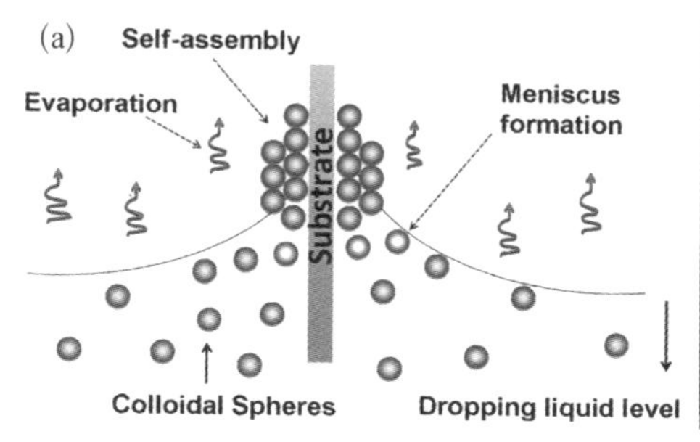

图 5-3 (a) 垂直沉积法生长蛋白石光子晶体示意图和
(b) 所制备的聚苯乙烯胶体晶体[177]

以胶体晶体作为硬模板，用其他物质渗透至蛋白石球形颗粒间的缝隙，再通过高温煅烧、化学腐蚀等方法将模板除去，可以得到三维有序的大孔结构，即反蛋白石(inverse opal)结构(图 5-4)。反蛋白石结构是胶体晶体结构的反向复制，因此同样具有光子晶体的周期性特点，即孔壁材料和空穴介质的周期性排列，且较蛋白石结构的光学性质更好，因此常用来制备各类光学及传感器件。

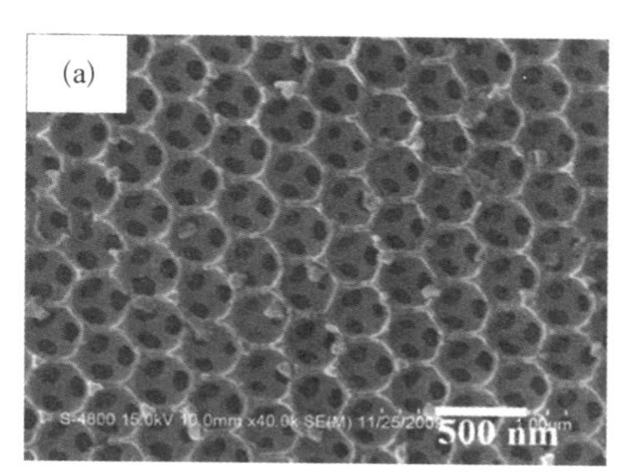

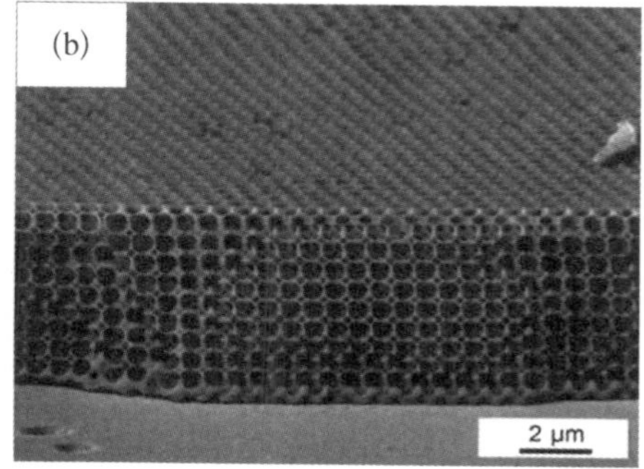

图 5-4 (a) 模板法制备的反蛋白石结构 SiC 膜 SEM 平面图[178]和(b) Si 膜 SEM 侧面图[179]

三维光子晶体的周期性结构赋予其特殊的光学性质。三维光子晶体具有特征的布拉格衍射峰，且衍射峰的波长满足 Bragg 衍射方程[式(5-1)和式(5-2)]：

$$\lambda = 2d\sqrt{n_{avg}^2 - \sin^2\theta} \tag{5-1}$$

$$n_{avg}^2 = \phi n_{spheres}^2 + (1-\phi)n_{background}^2 \tag{5-2}$$

其中，λ 是衍射波长，d 为周期性结构参数，θ 为光线入射角度，n_{avg} 为光子晶体的平均折射率，$n_{spheres}$ 和 $n_{background}$ 分别为两种不同介质的折射率，ϕ 为材料中两种介质的体积比(图 5-5)。可见光范围内，不同的衍射波长 λ 对应为不同的颜色。

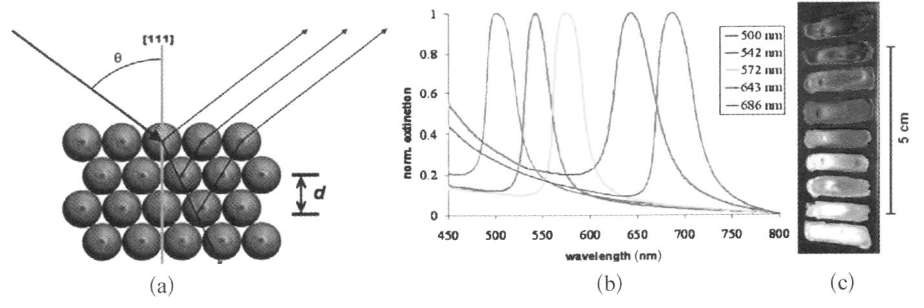

图 5-5 (a) 光子晶体 Bragg 衍射示意图[168]；(b) 不同尺寸微球组装得到的聚合物薄膜的布拉格衍射光谱及(c) 其光学照片[177]

一般情况下，对于常见的面心立方 fcc(face center cubic)结构，$\phi=0.74$。蛋白石结构中，$n_{background}=n_{air}=1$；而反蛋白石结构中，$n_{spheres}=n_{air}=1$，$n_{background}=n_{wall}$。当 $\theta=90°$，即光线垂直入射时，对于蛋白石结构光子晶体和反蛋白石结构光子晶体，其 Bragg 衍射方程可分别简化为式(5-3)和式(5-4)：

$$\lambda = 2d\sqrt{0.74n_{spheres}^2 + 0.26} \tag{5-3}$$

$$\lambda = 2d\sqrt{0.74 + 0.26n_{wall}^2} \tag{5-4}$$

其中 n_{wall} 是反蛋白石结构材料的折射率。由上述方程可知，衍射波长 λ 和介质的折射率 n 以及周期性结构参数 d 有关。研究者们通过制备具有光子晶体结构的响应性的材料，当材料受到外界刺激，如光、电、磁、温度以及压力等后产生周期性结构的变化，导致周期性结构参数 d 或折射率 n 产生变化，最终通过衍射波长的变化得以反映。特别是当响应性光子晶体的衍射峰落在可见光谱范围内时，材料在宏观上可表现出直观的肉眼可见的颜色变化。

金属有机框架化合物(MOFs)材料是近几年来迅速发展起来的具有周期性网络结构的晶态多孔材料，在吸附分离、催化、光电磁、传感等领域显示了诱人的应用前景。相关研究发现，MOF 材料对于外界刺激如压力、温度、光或吸附不同气体或溶剂分子后可产生结构性响应，如孔道形状、孔容以及晶体折射率等发生可逆的改变。利用 MOF 的这一特性，一些基于微悬臂梁(microcantilever)[180]、石英晶体微天平(quartz crystal microbalance，QCM)[181]、法布里-珀罗干涉(Fabry - Pérot interference)[182]和局域表面等离子体共振(localized surface plasmon resonance，LSPR)[183]原理的 MOF 传感器件被相继报道。但是大多数 MOF 传感器的研究处于起步阶段，尚无关于将 MOF 和光子晶体结合的研究。本章中，我们将结合 MOF 和光子晶体制备一系列具有选择性识别溶剂客体分子的功能材料。该材料同时具备光子晶体和 MOFs 材料的特殊性能，特别是将三维有序大孔结构引入 MOF 材料中可大大拓展其在环境气氛检测领域的应用。

5.2 实验部分

5.2.1 实验试剂

苯乙烯(styrene，St)，α-甲基丙烯酸(methacrylic acid，MAA)，一水

合醋酸铜[copper acetate monohydrate, $Cu(OAc)_2$], 1,3,5-均苯三甲酸(1,3,5-benzenetricarboxylic acid, H_3BTC)购于 Alfa Aesar;三水合硝酸铜[$Cu(NO_3)_2 \cdot 3H_2O$],氢氧化钠(NaOH),碳酸钠(Na_2CO_3),过硫酸钾($K_2S_2O_8$),乙醇(C_2H_5OH),二甲基亚砜(Dimethyl sulfoxide, DMSO),四氢呋喃(THF)均为分析纯,购于国药北京化学试剂公司。以上药品使用前没有经过纯化。实验过程中所用水为超纯水。

5.2.2 光子晶体薄膜的制备

单分散聚 P(St-MAA)微球的合成:制备方法采用无皂乳液聚合法。向 250 mL 三口圆底烧瓶中加入 80 mL 超纯水,水浴加热至 75℃,同时通氮气搅拌作脱氧处理,待温度稳定后维持 30 min。加入 7.0 g 苯乙烯单体,直至温度平衡。将 0.35 g α-甲基丙烯酸加入三口烧瓶中,恒温搅拌。将 0.024 g NaOH 和 0.024 g Na_2CO_3溶于 5 mL H_2O 中,完全溶解后注入烧瓶中,恒温搅拌 5 min。将 0.03 g 引发剂 $K_2S_2O_8$溶于 5 mL H_2O 中,通 N_2脱氧处理 15 min 后一次性加入反应体系中。在 75℃条件下搅拌约 12 h停止反应,得到乳白色悬浊液。悬浊液于 8 000 r/min 条件下离心 15 min,倒去上清液,再加入超纯水至原体积,并用超声振荡分散,即可得到均匀的悬浊液。重复离心、洗涤步骤 6 次。然后将纯净的 P(St-MAA)微球按一定质量分数分散于超纯水中,置于阴凉处备用。

光子晶体膜的制备:采用垂直沉降法制备三维有序蛋白石结构 P(St-MAA)光子晶体膜。首先将作为载体的载玻片进行亲水处理,室温下用 H_2SO_4/H_2O_2(7∶3 v/v)混合溶液浸泡载玻片 12 h,得到的载玻片表面为亲水性。将 P(St-MAA)微球经过超声分散在超纯水中配置成 0.2 wt%的悬浮液。并将悬浮液加入 10 mL 的玻璃瓶中,垂直插入载玻片。在 55℃恒温鼓风烘箱中静置,待瓶中液体完全蒸发即完成 P(St-MAA)微球的自组装。小心取出载玻片后置于 90℃烘箱中热处理60 min左右使微球间适度交联以增加其机械强度并置于干燥器中备用。

5.2.3 具有蛋白石结构MOF薄膜的制备

如图5-6所示，将制备的P(St-MAA)光子晶体膜置于50 mmol/L醋酸铜乙醇溶液中40℃下处理1 h，之后取出并用无水乙醇冲洗表面，在N_2流中干燥15 min。随后置于5 mmol/L H_3BTC乙醇溶液中40℃下处理1 h，之后取出并用无水乙醇冲洗表面，在N_2流中干燥15 min。整个过程共进行5次，并置于真空干燥箱中60℃干燥备用。

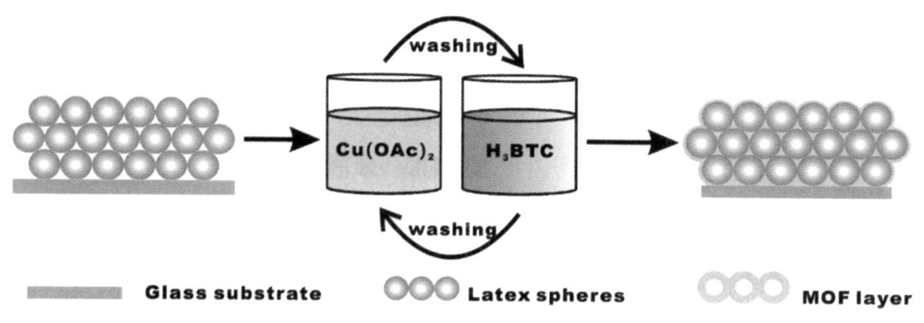

图5-6 具有胶体晶体阵列的MOF膜制备过程示意图

5.2.4 具有反蛋白石结构MOF薄膜的制备

首先，根据文献[184]配制MOF前驱体溶液：将1.22 g $Cu(NO_3)_2 \cdot 3H_2O$和0.58 g H_3BTC搅拌溶解于5.00 g DMSO中得到蓝色澄清的前驱体溶液。其次，将配置好的MOF前驱体溶液滴加在P(St-MAA)光子晶体膜板的一侧。当前驱体溶液完全渗入模板后，将样品玻片放入90℃恒温鼓风烘箱中处理24 h以使前驱体溶液中DMSO挥发同时促进MOF晶体的生长。之后将样品玻片放入THF中小心浸泡1 h并更换新THF重复进行数次以完全除去P(St-MAA)微球。最后将样品玻片在120℃真空干燥箱中处理12 h后置于干燥器中备用。整个制备过程可概括为图5-7中所示内容。

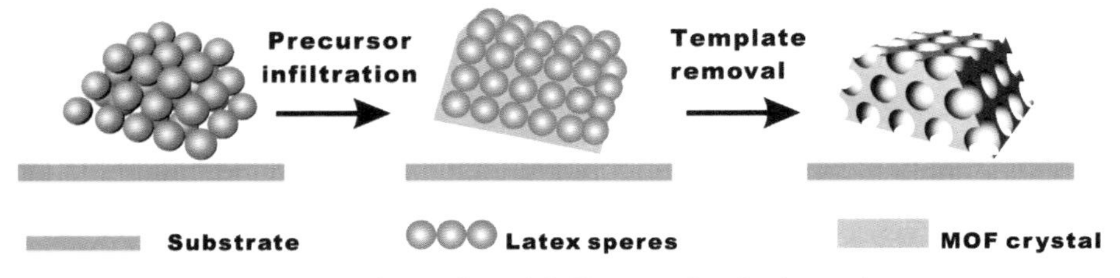

图5-7 具有反蛋白石结构的MOF膜制备过程示意图

5.2.5 响应性能表征

具有蛋白石结构MOF膜的响应性测试在紫外-可见吸收光谱仪上进行。通过将MOF膜置于含有不同溶剂气氛的玻璃瓶中,记录暴露前后薄膜的吸收光谱。每次测试前均将MOF膜置于80℃高真空环境下处理2 h。具有反蛋白石结构MOF膜的响应性测试在紫外-可见反射光谱仪上进行,该光谱仪还配用数码成像系统,可用以拍摄显微镜下观察到的光学照片,其他测试条件均相同。

5.3 结果与讨论

5.3.1 光子晶体薄膜的表征

通过垂直生长法我们制备出了由直径333 nm左右P(St-MAA)微球以fcc结构紧密堆积形成的光子晶体膜[图5-8(a)],从图5-8(b)中可以看出其层层组装形成的三维有序结构。P(St-MAA)微球本身是无色的透明聚合物,当其自组装形成光子晶体结构后,由于光的衍射作用,该光子晶体膜在不同的角度显示出不同的鲜艳颜色。例如，在近乎垂直角度观察时呈现蓝紫色[图5-8(c)]；而接近水平角度观察时呈现粉红色[图5-8(d)]。这种颜色差异可以由式(5-1)中光线入射角θ的不同导致衍射光波长λ的不同进行解释。图5-8(e)中给出的是该光子晶体膜的UV-vis吸收光谱，在786 nm处存在一个窄而强的布拉格衍射峰，代表了所制备的光子晶体膜具有高度有序的三维周期性结构。

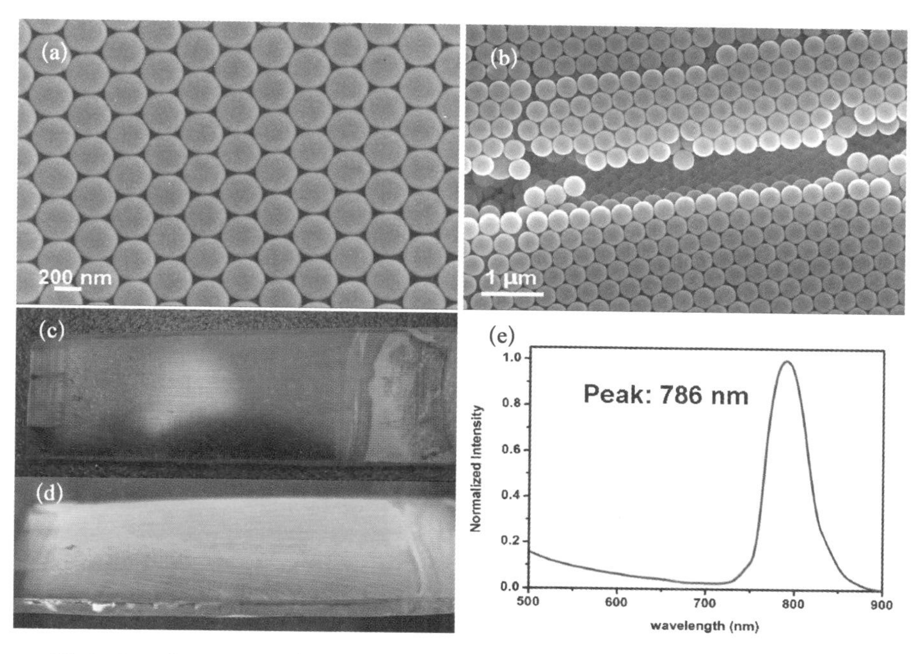

图5-8　P(St-MAA)光子晶体的SEM图。(a) 平面图和(b) 侧面图；(c) 垂直角度和(d) 侧斜角度拍摄的光学数码照片；(e) UV-vis光谱

5.3.2　具有蛋白石结构MOF薄膜的制备和表征

我们采用一种命名为HKUST-1[15]的MOF材料沉积在P(St-MAA)光子晶体表面的方法，制备出了具有胶体晶体阵列结构的MOF薄膜。HKUST-1是一种由Cu^{2+}和H_3BTC配位形成的三维金属有机骨架材料。这种 MOF 具有约 9×9 $Å^2$的正方形孔道，是目前研究最广泛的 MOF 材料之一。Christof Wöll 等人先后在 *JACS* 和 *Angew. Chem. Int. Ed.* 上报道了在修饰有—COOH 基团的 Au 片表面采用"step-by-step"制备得到 HKUST－1 MOF 膜。这种方法通过将金属离子和有机配体分步沉积的方法得到 MOF 薄膜(图 5－9)[152，185]。相比起传统的溶剂热等制备 MOF 的方法，该方法更简单可控，且有助于深入研究 MOFs 的增长机理。因此，我们采用这种循环生长的方法，将 HKUST－1 分步沉积在具有—COOH 的 P(St－MAA)光子晶体表面。

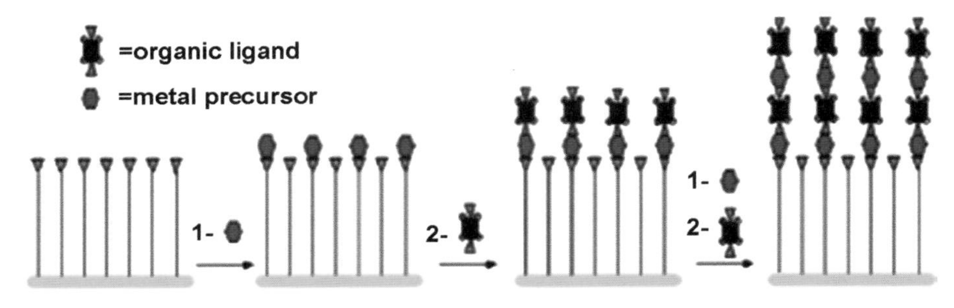

图 5－9 "step-by-step"制备 MOF 膜方法示意图[152]

从图 5－10 中我们可以看出，随着沉积次数的增加，原先光滑的 P(St－MAA)微球表面由于 MOF 纳米晶体的沉积而越来越粗糙，且微球间的空隙逐渐被填充。当循环生长 5 次结束后，P(St－MAA)微球表面完全被 MOF 晶体覆盖，且微球间的空隙也基本消失，但仍留有一定的孔隙。此外，MOF 的沉积并不影响原先光子晶体三维结构的有序度，沉积了 MOF 晶体的 P(St－MAA)微球仍呈现高度有序的蛋白石结构[图 5－10(d)]，且截面 SEM 图[图 5－10(e)]可以看出层状的薄膜结构完好保持。通过对收集到的表面 MOF 晶体进行 XRD 分析可以证明这种方法沉积得到的正是典型的 HKUST－1 金属有机框架化合物材料[图 5－10(f)]。

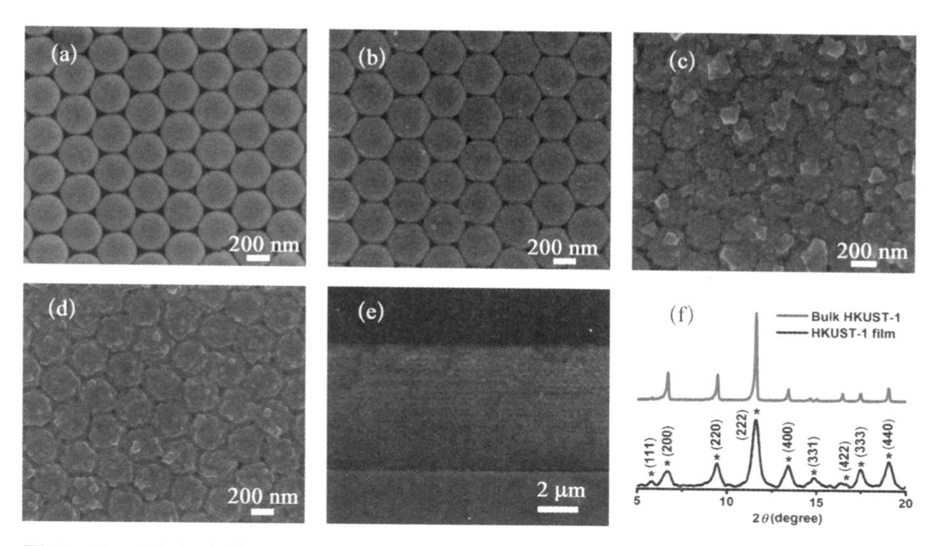

图5-10 (a) 沉积前P(St-MAA)光子晶体,(b) 沉积2次,(c) 4次,(d) 5次后MOF膜的SEM图;(e) 沉积5次后MOF膜的截面SEM图;(f) 表面所沉积MOF的粉末XRD谱图

此外,我们通过对生长过程中薄膜的UV-vis吸收光谱进行监测,观察到随着沉积厚度的不断增加,其UV-vis吸收光谱的Bragg衍射峰位也发生了相应的红移,从沉积前的786 nm红移至沉积5次后的840 nm,平均每沉积一次红移约10 nm[图5-11(a)]。这主要是由于沉积厚度的增加引起的光子晶体折射率n值的上升所导致,而周期性结构参数d在我们的制备过程中基本不发生变化,从而造成了光子晶体衍射波长λ向长波段移动即发生红移现象。有趣的是,我们发现用吸收光谱峰红移量对沉积次数作图,二者很好地符合线性关系[图5-11(b)]。这说明每次沉积的MOF厚度较为均一,因此采用这方法可以较为精确地控制薄膜的光学性质从而得到所需要的MOF薄膜。由于Cu配位的存在,HKUST-1的本征颜色是蓝色[图5-11(c)],而作为基体的P(St-MAA)光子晶体是粉红色[图5-11(d)],因此沉积了HKUST-1的光子晶体膜呈现出二者兼具的色彩[图5-11(e)]。此外,采用5次

沉积是因为，我们发现随着沉积次数的增加，由于晶体对光线的折射作用增强，其光谱信号强度也有所下降。我们最终选择了 5 次沉积的 HKUST－1 薄膜作为研究对象进行性能测试。

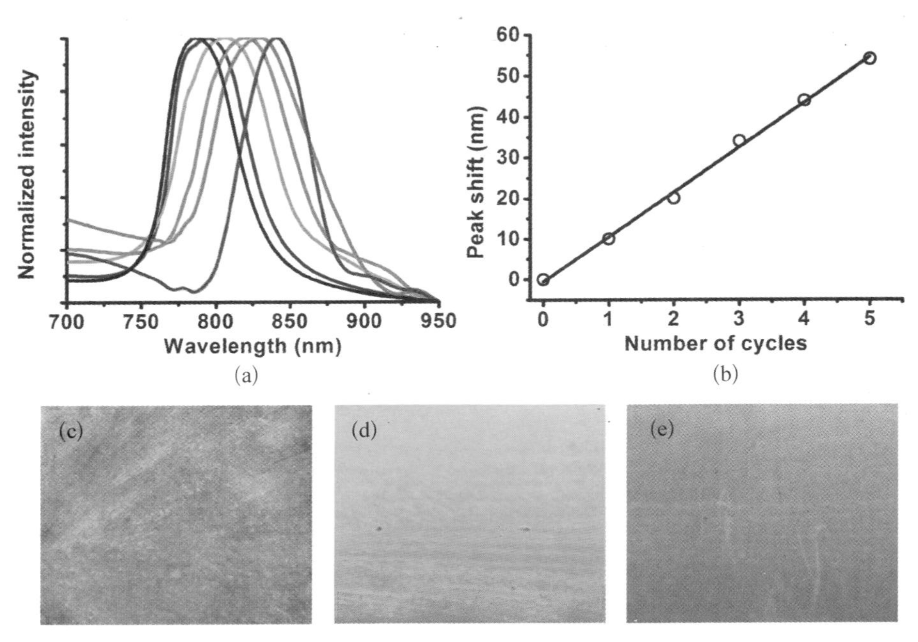

图 5－11　(a) P(St－MAA)光子晶体的 UV－vis 吸收光谱(黑色)、沉积 1 次(蓝色)、沉积 2 次(黄色)沉积 3 次(红色)、沉积 4 次(洋红色)和沉积 5 次(紫色) HKUST－1 后的 MOF 膜的 UV－vis 吸收光谱；(b) UV－vis 吸收光谱峰红移量对沉积次数线性关系图；(c) HKUST－1 晶体、(d) P(St－MAA)光子晶体和(e) 沉积 HKUST－1 后的 MOF 膜的光学照片

5.3.3　具有蛋白石结构 MOF 薄膜的响应性能测试

前述的实验结果表明这种分步制备具有胶体晶体结构 MOF 薄膜的方法具有以下优点：① 具有响应性 MOF 层的沉积过程简单可控；② 蛋白石结构光子晶体的基底信号强度保障了检测结果的准确度和灵敏度。通过赋予 MOF 材料本身不具有的特征光学信号，并结合 MOF 材料对外界刺激如吸附客体分子后所产生的结构响应性，我们设计了针对具有蛋白石结构 HKUST－1 膜的响应性能测试。

由于溶剂分子的尺寸和极性等性质的差异导致其与薄膜中 MOF 结构作用后引起 MOF 晶体折射率和孔结构的变化。针对具有蛋白石结构的 MOF 膜而言，主要是式(5－3)中 n_{sphere} 的变化而导致光子晶体衍射波长 λ 的移动。测试前，我们对制备的 HKUST－1 膜进行真空干燥以除去 MOF 孔道中的溶剂分子和水分子。之后将薄膜暴露于不同溶剂的饱和气氛中，从图 5－12 中可以看出，当分别暴露于甲醇(MeOH)、乙醇(EtOH)、异丙醇(isopropanol)、正辛烷(octane)和正己烷(n-hexane)中时 MOF 膜表现出了有区别的结构变化，这种变化可以通过 Bragg 衍射峰的偏移得以直观体现。当暴露于甲醇和正己烷中后，相对于暴露前 MOF 膜的 Bragg 衍射峰分别产生了 9 nm 以及 4 nm 的红移现象。这种区别的产生主要是由于溶剂客体分子本身的性质差别所导致：醇类是带有羟基的极性亲水分子，且甲醇乙醇异丙醇的极性依次递减；而烷烃是非极性的疏水分子。而 HKUST－1 由非常亲水的三羧酸配体结构组成，因此极性不同的亲水客体分子和非极性的疏水客体分子与其结构骨架的相互作用的差异导致了其晶体的折射率发生了不同的变化，从而间接引起光子晶体 Bragg 衍射峰位的不同。

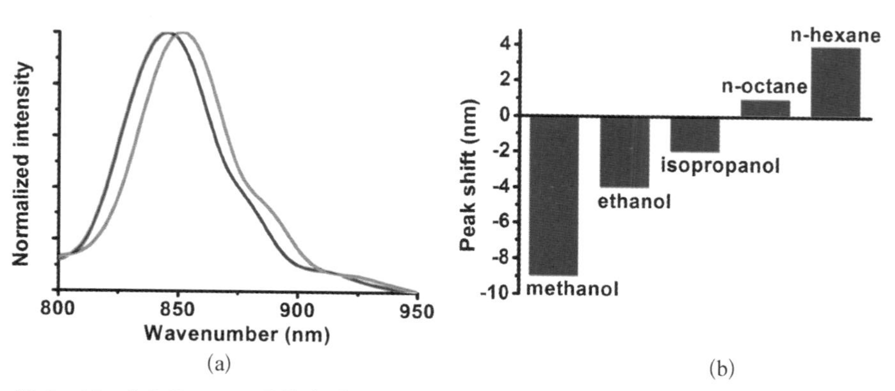

图 5－12　(a) UV－vis 吸收光谱图，初始 MOF 膜(红色)、甲醇响应(蓝色)；(b) 其对不同溶剂响应后 Bragg 衍射峰位的变化

此外，我们还以乙醇气氛为对象，考察了所制备的具有胶体晶体阵列 MOF 膜的响应时间和重复性。从图 5－13(a)中可以看出该膜对乙醇气氛具有较快速的响应性，并在 15 min 内到达响应平衡。图 5－13b 则显示了该膜对乙醇气氛的响应具有良好的可逆性。此外，通过简单的真空加热处理即可实现薄膜的再生，从而方便对材料进行多次循环的使用。

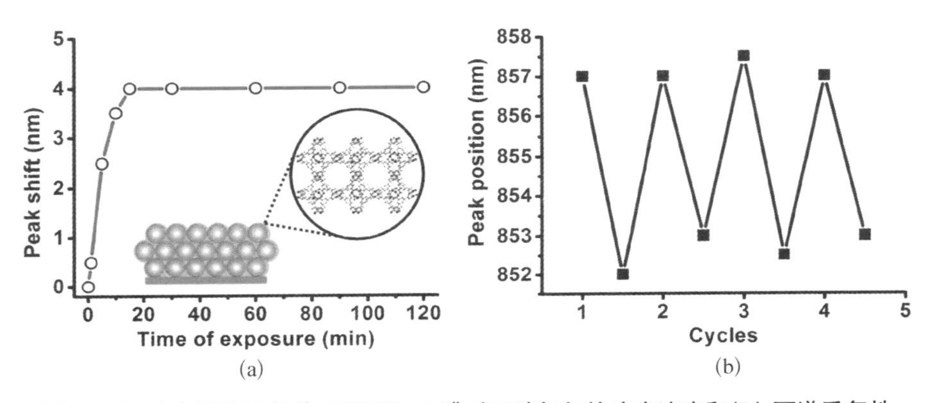

图 5－13　(a) 蛋白石结构 HKUST－1 膜对乙醇气氛的响应速度和(b) 可逆重复性

自此，以 P(St－MAA)光子晶体阵列为基底材料，我们制备了具有蛋白石结构的 HKUST－1 膜，该膜对不同溶剂客体分子的识别性能和重复性较好，但也存在如下问题：① 检测范围受限于基底材料，一些溶剂由于对基底材料具有腐蚀作用而无法检测。② 响应速度不是非常理想，由于沉积有 MOF 晶体的微球紧密堆积导致溶剂分子的扩散速度受到制约，从而影响了材料对溶剂客体分子的响应速度。因此制备具有三维有序反蛋白石结构 MOF 薄膜成为本章下一项研究内容。

5.3.4　具有反蛋白石结构 MOF 薄膜的制备和表征

前节中我们尝试采用化学腐蚀的方法除去前述具有蛋白石结构的 MOF 膜中聚合物微球模板希望得到反蛋白石结构 MOF 膜。然而结果表明采用层层沉积的方法得到的 HKUST-1 晶体以纳米晶粒的形式不连续且非致密地分布在聚合物微球表面，当通过化学腐蚀的方式除去模板后结构塌陷情况较为严重，无法得到高度有序的三维大孔结构[图 5-14(b)]。

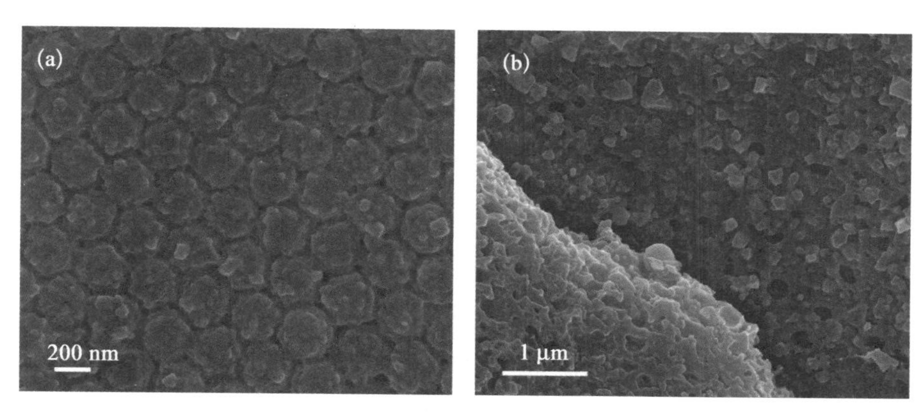

图 5-14 蛋白石结构 MOF 膜(a) 化学腐蚀前和(b) 腐蚀后的表面 SEM 图

2010 年 Dirk E. De Vos 课题组在 *Advanced Materials* 上报道了 MOF 合成过程中有机溶剂对晶体形成的影响[184]。其中他们发现利用 DMSO 作为溶剂可以在常温下得到具有澄清溶液性质的 CuBTC 即 HKUST-1 前驱体溶液[图 5-15(a)]。随着溶液中 DMSO 的不断挥发，可以在局限的模板空间中复制生长成具有任意形貌的 HKUST-1 晶体[图 5-15(c)]。

和传统合成 MOF 方法所不同的是，该工作利用了溶剂 DMSO 和金属 Cu^{2+} 的配位作用以及和有机配体 H_3BTC 的氢键相互作用使得在前驱体溶液中 Cu^{2+} 无法和 H_3BTC 产生配位作用形成 HKUST-1 晶体，而加热除去 DMSO 的过程中由于 Cu^{2+} 和 H_3BTC 不断被释放进而成核晶化形成 HKUST-1 晶体。

基于以上的文献工作报道，如图 5-7 所示，我们将此 MOF 前驱体溶液通过毛细作用渗入 P(St-MAA)光子晶体模板的缝隙中。以加热

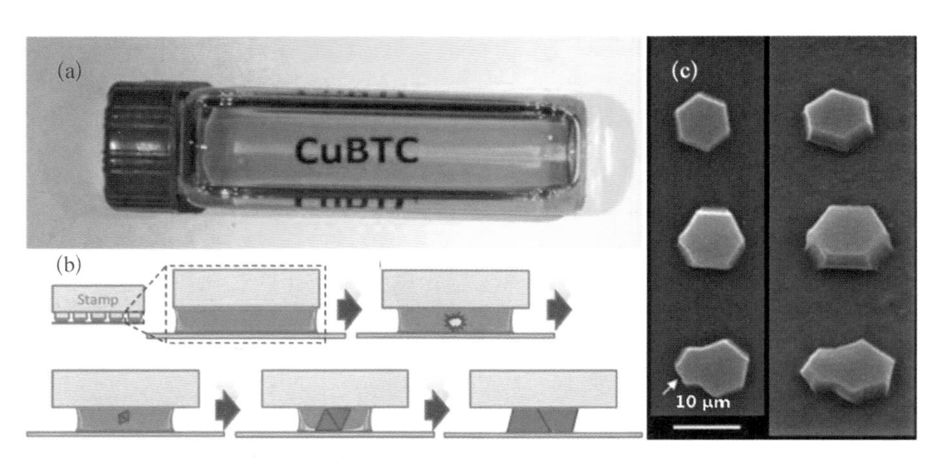

图 5-15　澄清前驱体溶液制备的 HKUST-1 晶体。(a) 前驱体溶液的光学照片；(b) 生长示意图；(c) 形貌化的 HKUST-1 晶体 SEM 图[184]

挥发的方式除去前驱体溶液中的 DMSO 并促使晶体在局限空间中成核结晶，最后以化学腐蚀的方式除去聚合物胶体晶体模板。

图 5-16(a)，(b)显示一次渗入前驱体溶液后得到的 SEM 图，图中可见光子晶体模板的表面被晶体所覆盖，但在侧面和部分缺陷处仍存在大量未被填充的缝隙，缝隙中胶体微球的形貌清晰可见。这是由于在含有金属离子 Cu^{2+} 和有机配体 H_3BTC 的前驱体溶液挥发形成 HKUST-1 晶体的同时溶液体积会大大缩小，因此原先被前驱体溶液填满的光子晶体模板变为部分填充状态。当采用化学腐蚀除去聚合物胶体模板后，其结构遭到破坏，最终只能仅能在玻璃基底表面得到一层蜂窝状大孔结构的网状 MOF[图 5-16(c)]或呈颗粒状的多孔 MOF 晶粒[图5-16(d)]，无法得到具有三维有序大孔结构的 MOF 薄膜。因此我们采用了多次渗入的方法最终得到了具有反蛋白石结构的 HKUST-1 金属有机框架化合物薄膜。

图 5-17(a)，(b)为聚苯乙烯光子晶体模板的 SEM 图。如图 5-17(c)，(d)所示，经过多次渗入 HKUST-1 前驱体溶液原位晶化并

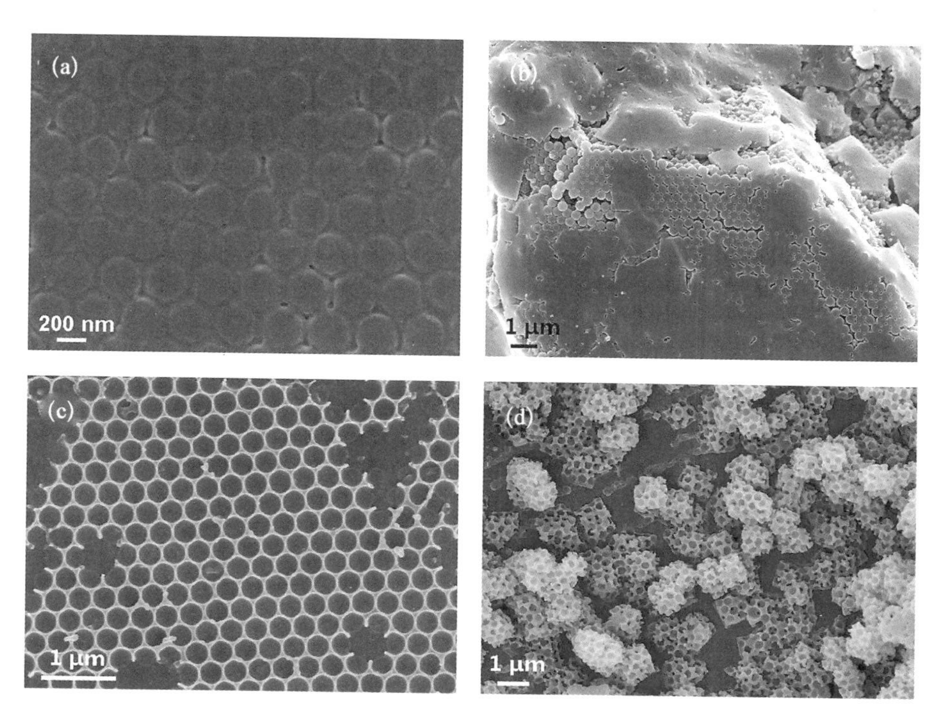

图 5-16　(a) 一次渗入 MOF 前驱体溶液得到的 MOF 膜的平面 SEM 图、(b) 侧面 SEM 图；(c) 除去模板后得到的单层网状 MOF 和(d) 多孔 MOF 晶粒

去除模板，我们成功复制了具有面心立方(fcc)结构光子晶体模板的三维有序结构，观察到常见的(111)晶面和(100)晶面的复制情况。TEM 照片[图5-17(e)]也证明了这种有序大孔结构的存在。通过采用多次渗入的方法我们可以得到较大面积的反蛋白石结构的 HKUST-1 膜，为下一步对比蛋白石结构 HKUST-1 膜进行响应性能测试奠定了基础。

图 5-18 展示了具有反蛋白石结构 HKUST-1 膜和常规条件下得到 HKUST-1 晶体的 XRD 谱图。对比计算机软件拟合得到的 HKUST-1 的 XRD 谱图，我们可以看出，在蛋白石结构光子晶体局限空间中生长得到的 MOF 晶体和常规条件下得到的 MOF 晶体具有相同

图 5-17　光子晶体模板的 SEM 图。(a) (111)晶面和(b) (100)晶面;(c),(d) 除去模板后得到的相应的反蛋白石结构 SEM 图及(e) TEM 图;(f) 大面积反蛋白石结构 HKUST-1 膜的 SEM 图

的晶体结构,可证明为典型的 HKUST-1 MOF 材料。

该 MOF 膜的 N_2 等温吸附-解吸曲线(图 5-19)证明其为典型的微孔材料,其 BET 比表面积为 1 075 cm^2/g,平均孔容为 0.44 cm^3/g。图 5-20分别展示了常规条件下得到 HKUST-1 晶体,渗入前驱体溶液后得到光子晶体/HKUST-1 复合膜以及除去光子晶体模板后的反蛋白

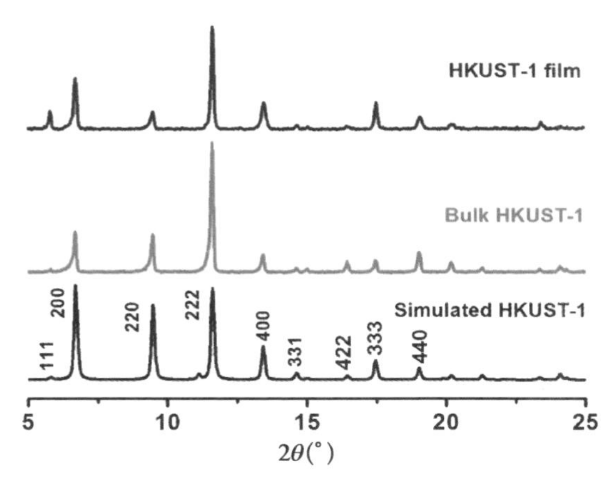

图5-18 具有反蛋白石结构HKUST-1膜(蓝色)、HKUST-1粉末晶体(红色)和拟合HKUST-1晶体的XRD谱图(黑色)

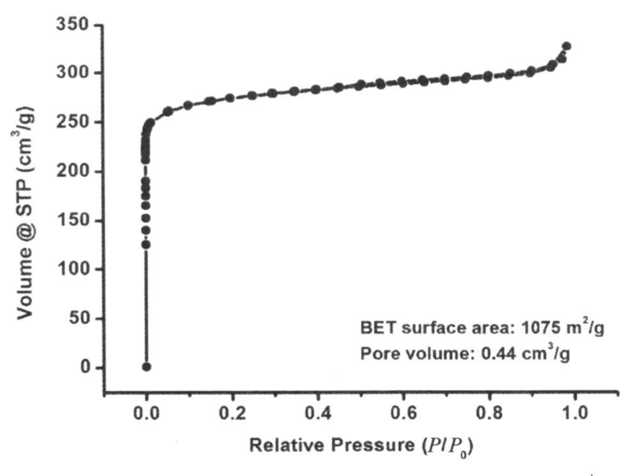

图5-19 HKUST-1膜的N_2吸附-解吸等温曲线

石结构HKUST-1膜的FTIR谱图。对比相关谱图可以看出通过多次的化学腐蚀除去光子晶体模板后得到的HKUST-1膜组成成分单一，聚合物模板基本完全被去除。

具有三维有序反蛋白石结构的MOF膜同样具有光子晶体的光学

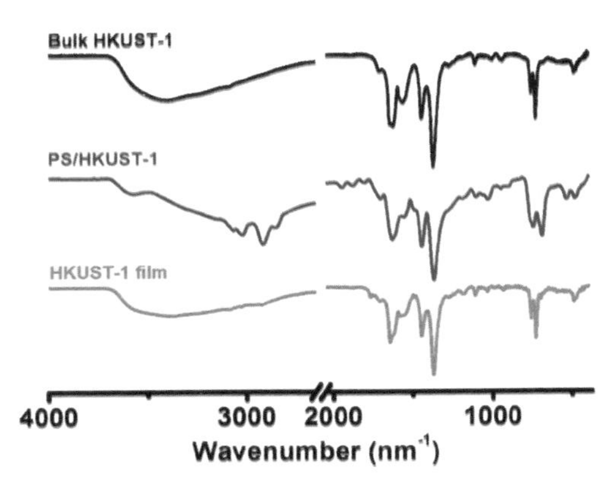

图 5-20 HKUST-1 粉末晶体(黑色)、光子晶体/HKUST-1 复合膜(蓝色)和具有反蛋白石结构 HKUST-1 膜(红色)的 FTIR 谱图

特性。与蛋白石结构光子晶体相类似的是，反蛋白石结构是由空气和大孔孔壁这两种不同折射率的介质材料所组成。光波在这两种介质中传播时同样会产生类似的衍射现象且衍射波长 λ 符合 Bragg 方程[式(5-4)]。与常规条件下得到的 HKUST-1 蓝色晶体[图 5-21(a)]形成鲜明对比的是，模板法制备出的具有三维有序大孔结构的 HKUST-1 膜展现出鲜艳的红色结构色[图 5-21(b)]。通过 UV-vis 反射光谱

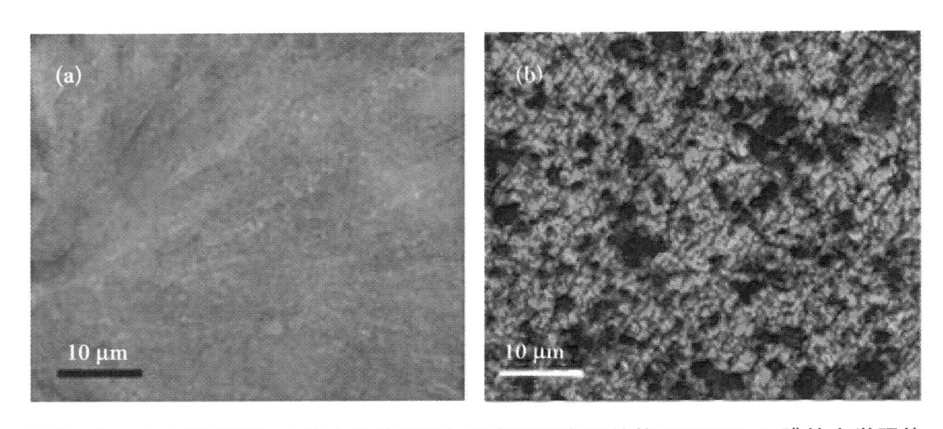

图 5-21 (a) HKUST-1 粉末晶体和(b) 具有反蛋白石结构 HKUST-1 膜的光学照片

也可以看出二者完全不同的光学性质(图 5 - 22),由于 HKUST - 1 晶体中 Cu^{2+} 配位形式的存在,其晶体在 550 nm 处呈现较强的反射峰;而具有三维有序大孔结构的 HKUST - 1 膜则在 629 nm 呈现强反射峰并对应于其红色结构色,而其本身的550 nm 处的反射峰被大大压缩。以上说明了制备的反蛋白石结构 HKUST - 1 膜具有高度有序的周期性结构。通过采用反蛋白石结构作为信号传导机制,我们可以赋予 MOF 材料本身所不具有的特征光学性质,并将 MOF 结构中主客体分子的相互作用转换为光学信号输出。

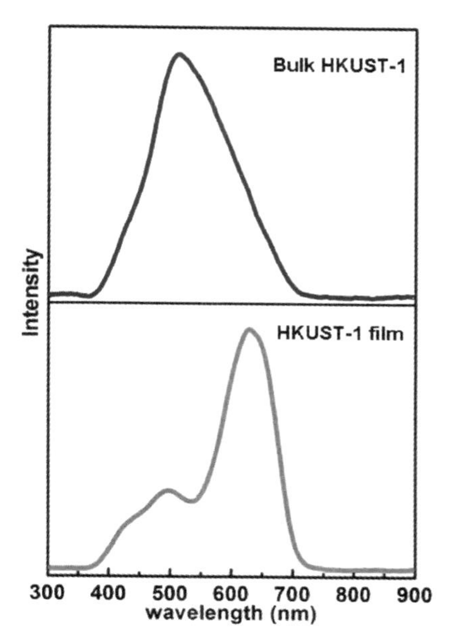

图 5 - 22　HKUST - 1 粉末晶体(蓝色)和具有反蛋白石结构 HKUST - 1 膜(红色)的反射光谱

5.3.5　具有反蛋白石结构 MOF 薄膜的响应性能测试

同样由于溶剂分子的尺寸和极性等性质的差异导致其与薄膜中 MOF 结构的作用后产生 MOF 晶体折射率和孔结构的变化。针对具有反蛋白石结构的 MOF 膜而言,主要是孔壁材料的折射率和周期常数即式(5 - 4)中 n_{wall} 和 d 的变化而导致光子晶体 Bragg 衍射波长 λ 的移动。测试前,我们对制备的 HKUST - 1 膜进行真空干燥处理,以除去 MOF 孔道里吸附的溶剂分子和水分子。之后将薄膜暴露于不同溶剂的饱和气氛中。

从图 5 - 23 中我们可以看出,制备的反蛋白石结构 HKUST - 1 膜对不同溶剂表现出不同程度的响应性。其中,对于乙醇溶剂其 Bragg 衍

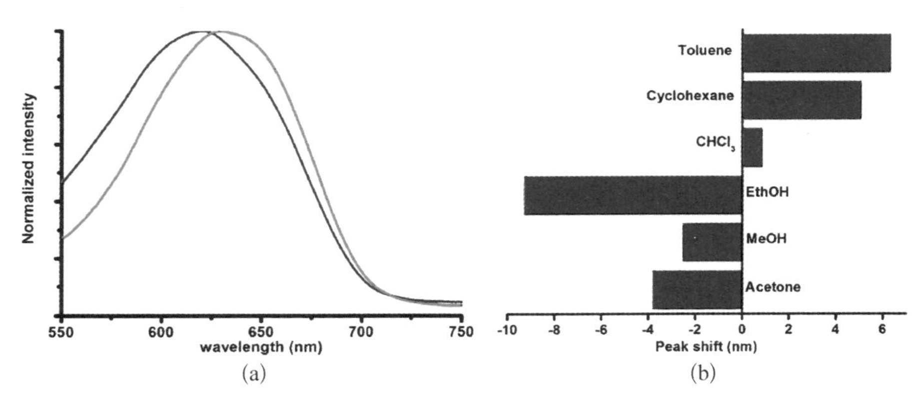

图 5-23 (a) UV-vis 吸收光谱图,初始 MOF 膜(红色)、乙醇响应(蓝色);(b) 对不同溶剂响应后 Bragg 衍射峰位的变化

射峰位由响应前的 629 nm 蓝移至 620 nm,是所有测试溶剂中 Bragg 衍射峰位响应程度最大的。和前述蛋白石结构 HKUST-1 膜类似,该膜对于不同性质的溶剂分子有些表现出 Bragg 衍射峰位的蓝移响应也有些表现出红移响应。我们同样把这种区别归结为溶剂客体分子本身的性质差别:甲醇、乙醇和丙酮是带有极性基团的亲水分子;而甲苯、环己烷和三氯甲烷是非极性的疏水分子。HKUST-1 所具有的亲水骨架与极性不同的亲水客体分子和非极性的疏水客体分子相互作用的差异导致了其晶体的折射率和周期性结构发生了不同的变化从而间接引起光子晶体 Bragg 衍射峰位的不同。

此外,我们还以乙醇气氛为对象,考察了所制备的具有反蛋白石结构 MOF 膜的响应时间和重复性。从图 5-24(a)中可以看出该膜对乙醇气氛具有快速的响应性,并在 30 s 内到达响应平衡。图 5-24(b)则显示了该膜对乙醇气氛的响应具有良好的可逆性。此外,通过简单的真空加热处理即可实现薄膜的再生,从而方便对材料进行多次循环使用。

自此,采用胶体晶体模板法,我们制备了具有三维有序大孔结构的

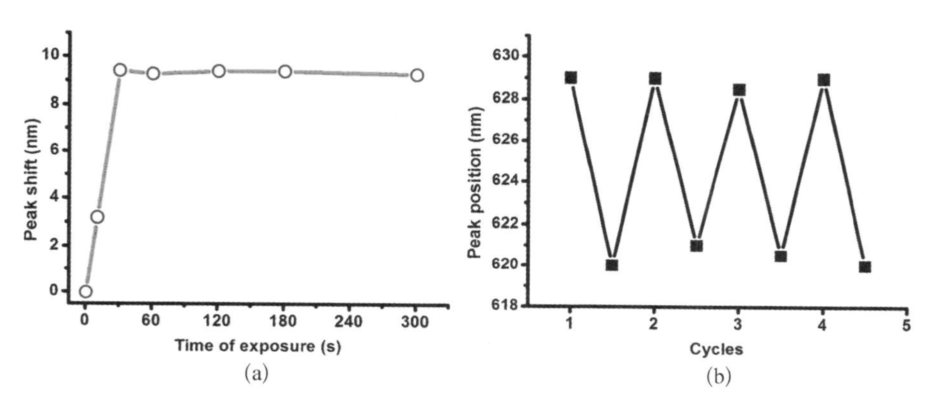

图 5－24　(a) 反蛋白石结构 HKUST－1 膜对乙醇气氛的响应速度和(b) 可逆重复性

HKUST－1 膜。作为一种典型的大孔-微孔多层次结构材料，三维有序的大孔结构一方面赋予材料特殊的光学性质和结构信号传导表达的途径，另一方面大大提高了材料的传质性能，相对于蛋白石结构的 HKUST－1 膜其响应速度提高了一个数量级。而具有微孔结构的 MOF 材料提供了大比表面积的反应场所，使得 MOF 骨架与和客体分子可以充分作用，并通过光子晶体结构将这种相互作用所产生的特异性变化以光学信号的形式表达出来。另外，由于除去了聚合物模板，大大拓展了该薄膜材料对溶剂客体分子的检测范围，可以更深入地研究 MOF 材料的主客体化学等相关机理。

5.4　本章小结

在本章中，我们采用了两种不同的方法制备了具有光子晶体结构的 HKUST－1 金属有机框架化合物薄膜。通过将光子晶体的光学性质和 MOFs 材料丰富的主客体化学特征相结合，将 MOF 材料对客体分子的刺激响应性以光学信号的方式表达，实现了对不同溶剂客体分子的选择性识别。

以 P(St－MAA)光子晶体作为基体，我们采用循环生长的方法，分步沉积 HKUST－1 在光子晶体的表面，第一次得到了具有胶体晶体阵列结构的 HKUST－1 薄膜[图 5－25(a)]。当该膜用于检测不同溶剂气氛时，其表面的 MOF 材料的结构参数由于主客体分子的相互作用而发生变化并引发光子晶体结构 Bragg 衍射峰位发生相应的偏移，从而实现了对溶剂气氛的响应性识别。这种制备方法简单可控，但存在响应速度不理想和应用范围较窄等问题。

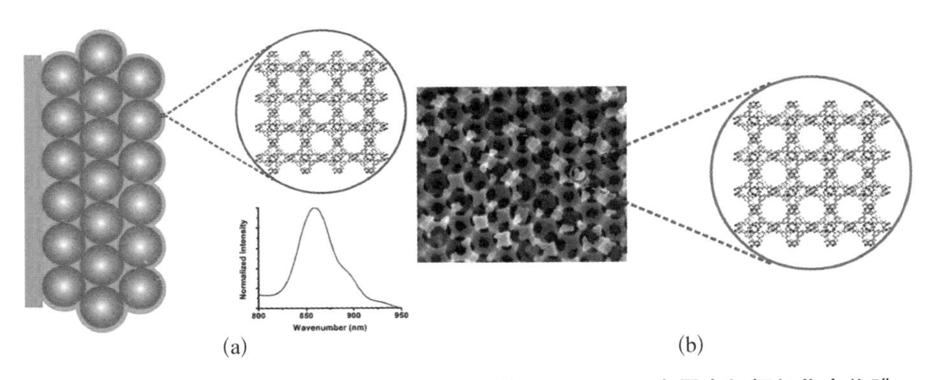

图 5－25　(a) 蛋白石结构和(b) 反蛋白石结构 HKUST－1 金属有机框架化合物膜

针对上述问题，我们采用 P(St－MAA)光子晶体作为模板，在光子晶体的缝隙中填充生长形貌可控的 HKUST－1 晶体。通过化学腐蚀的方法除去聚合物模板后第一次得到了具有三维有序大孔结构 HKUST－1 薄膜[图 5－25(b)]。同样基于 MOFs 材料在主客体分子的相互作用下结构参数的变化导致光子晶体结构 Bragg 衍射峰位发生偏移的原理，实现了对不同溶剂气氛的响应性识别。这种反蛋白石结构的 MOF 薄膜因具有三维互穿的大孔网络结构，其响应速度较蛋白石结构 MOF 薄膜提高了近一个数量级且适用的溶剂范围更为广泛。这种具有大孔-微孔结构的多层次材料同时具备了有序大孔结构所赋予的传质性能和光学性质以及微孔孔穴提供的大比表面积反应场所。二者性质的有机结合大大拓展了光子晶体材料和MOFs材料在传感、吸附分离、催化和分子识别等领域的应用前景，使之有望成为新一类的多层次先进功能材料。

第6章 结论与展望

6.1 结　　论

多孔材料发展至今，各种单一孔结构材料如微孔、介孔、大孔材料已广泛应用于科学研究和工业生产各领域中。但是单一的孔属性在实际应用中受到极大的限制，对于微孔材料，具有高结晶度和优异的热稳定性和化学稳定性等显著优点，但其较小的孔道尺寸大大制约了物质在材料内部的快速扩散。而相对于微孔材料，介孔材料较大的孔径、比表面积和孔容，但其在热稳定性和水热稳定性方面的缺陷限制了其进一步的应用。大孔材料虽然物质传输效果好，但由于比表面积远不及微孔和介孔材料而大大削弱了材料的选择性能。因此迫切需要发展综合各种孔结构优点的多层次结构材料。本书基于以上方面，尝试设计并制备具有不同形貌的多层次结构功能材料，详细阐述了其制备方法，表征了其结构特点、物化性质及功能特性。由此得出的主要结论如下：

1. 基于静电纺丝技术和表面活性剂诱导造孔技术，我们制备了具有多层次结构(大孔-介孔-活性位点)的硅基功能吸附膜材料。以非离子表面活性剂 F127 为造孔剂，借助静电纺丝装置，结合 EISA 原理，提取模板剂后得到了巯基化的自支撑介孔二氧化硅纤维膜材料。结果表明，由适合浓度的高分子表面活性剂 F127、硅烷和乙醇溶剂组成的前驱体溶胶在静电高压的作用下可喷射形成直径 1 μm 左右的规则纤维，纤维间的无序非定向排列形成了三维大孔结构，而去除模板剂 F127 之后产生的介孔结构赋予了材料较大的比表面积(120.86 m^2/g)和巯基官能团位点。进一步研究表明，这种自支撑的巯基功能化介孔二氧化硅纤维膜材料克服了传统粉体介孔材料使用和回收不便的缺点，实现了动态高通量[560 L/(m^2 · h)]条件下对重金属 Cu^{2+} 的快速吸附与富集，吸附量可达 11.48 mg/g。

2. 利用静电纺丝制备的聚合物纤维薄膜作为骨架材料制备了含有巯基化介孔 SiO_2 壳层的自支撑膜吸附材料。针对采用溶胶凝胶技术直接制备电纺丝介孔纤维材料过程中所遇到的一些问题，如纺丝条件可控性不高以及电场干扰和溶剂快速挥发导致电纺丝纤维中介孔结构有序度较差，我们设计并采用了分步制备的方法。首先制备电纺丝高分子聚合物纤维膜，并通过优化前驱体溶胶中相关组分的配比得到有序介观相的溶胶。之后将该溶胶浇注于电纺丝纤维膜内，经过溶剂挥发诱导自组装过程后除去表面活性剂，最后我们得到了以电纺丝纤维为支撑骨架的巯基化有序介孔 SiO_2 膜。结果表明，通过分步优化电纺丝过程和介孔材料合成过程，所制备的自支撑复合膜材料既保留了电纺丝纤维膜结构中的三维大孔结构又引入了高度有序的介孔结构(比表面积为 367.5 m^2/g)和巯基官能团位点。这种具有大孔-介孔-巯基官能团的多层次结构使得这种吸附材料同时具备了较低的传质阻力和较高的吸附分离性能。对 Cu^{2+} 的吸附试验结果表明，以电纺丝纤维为支撑骨架的巯基化有序介孔 SiO_2 膜可以在动态大通量[1.30×10^4 L/(h · m^2 · bar)]条件下实现对 Cu^{2+} 的有效吸附和富集，吸附量可达 16.28 mg/g。且材料的再生操作简单，经 5 次再生后仍具有较好的吸附性能。

3. 基于静电纺丝技术平台构筑的三维大孔结构，我们制备了具有二级孔（大孔-微孔）结构的金属有机框架化合物（MOFs）膜材料。我们选择掺杂 ZIF-8 纳米晶的电纺丝膜作为结构骨架，以纤维表面负载的 ZIF-8 纳米晶作为晶种层，采用连续二次生长的方法，得到了以电纺丝纤维为支撑体的 ZIF-8 晶体膜。微米级的 ZIF-8 晶体在电纺丝纤维表面均相成核并在纤维膜内部紧密堆积。通过在合成液中加入甲酸钠作为调节剂，最终得到了晶体在纤维表面连续互生而在骨架内部紧密排列的自支撑 ZIF-8 膜。单组份气体渗透试验和等体积 CO_2/N_2 气体渗透分离实验表明该膜材料可同时实现气体的高渗透率和对 CO_2 的有效选择性吸附和富集。多层次的孔结构（大孔-微孔）是其良好性能的本质来源。电纺丝纤维的三维大孔支撑骨架作为支撑骨架保证了材料具有较高的气体渗透速率；具有大表面积微孔结构和特殊作用位点的 ZIF-8 晶体材料为气体的快速吸附和有效筛分提供了保障，二者的协同作用实现了材料具有了良好的气体渗透和分离性能。

4. 以具有多级孔结构的聚合物胶体晶体为平台，我们设计并制备了两种具有光子晶体结构的金属有机框架化合物（MOFs）薄膜。我们的基本思路是：一方面将大孔结构引入到具有大表面积的微孔 MOFs 体系中拓展 MOFs 材料的传质性能；另一方面借助三维有序的光子晶体结构赋予了体系特殊的光学性质；最后把 MOFs 材料对于外界的刺激而产生的结构响应以光学信号的方式表达。首先，以 P(St-MAA)光子晶体作为基体，我们采用循环生长的方法，分步沉积 HKUST-1 在胶体微球的表面，从而得到了具有胶体晶体阵列即蛋白石结构的 HKUST-1MOF 薄膜。当该膜用于检测甲醇、乙醇和正己烷气氛时，其表面的 MOF 材料的结构参数由于主客体分子的相互作用而发生变化并引发光子晶体结构 Bragg 衍射峰位发生相应的不同程度的蓝移和红移，从而实现了对溶剂气氛的响应性识别。然后，以 P(St-MAA)光子晶体作为大孔模板，在聚合物胶体微球间的缝隙中填充生长了形貌可控的 HKUST-1 晶体。通过化学腐蚀的方法除去聚合物模板后得到了具有三维有序大孔结构 HKUST-1 薄膜。这种反蛋白石结构更好地发挥了其三维互穿大孔结构的传质优势，响应速度较蛋白石结构 HKUST-1 薄膜提高了近一个数量级且检测范围大大拓宽，充分发挥了多层次大孔-微孔材料的独特优势。

6.2 进一步研究的方向

本课题虽然在制备不同形貌多层次结构环境功能材料及应用等方面取得了一些创新与进展，但由于时间的限制，研究工作主要集中于材料的制备与表征方面，对每个体系的认识和研究仍有待于进一步深入和完善。在每一个单一孔结构层次，都有很多可以拓展的空间，特别是要充分利用和发挥大孔结构的优势，优化各层次材料的结构性能，构筑应用范围更广，性能更加优异的多层次功能材料。主要集中在以下几个方面：

1. 电纺丝技术是一种简单高效地制备微纳米纤维的方法，可作为各种多层次结构的构筑基元。在下一步的研究中，应考虑到增强材料制备的可控性、有序性和普适性，通过制备更高热稳定性和化学稳定性的电纺丝纤维材料，合成和制备出对各种环境污染物，特别是如农药、内分泌干扰素等持久性有机污染物（POPs）吸附性能更优越的膜材料。

2. 金属有机框架化合物（MOFs）是近年来迅速兴起的一个研究领域之一，具有巨大比表面和孔容，近乎无限可调的结构组成，丰富的主客体化学性质以及特殊的光、电、磁等特性。而现有工作一般由材料和化学领域的研究为主，下一步的研究要考虑将其与环境学科的相关内容交叉，加强机理方面的研究，并努力拓展其在环境保护方面的应用范围。

3. 电纺丝纤维材料、介孔材料和金属有机框架化合物材料属于典型的大孔、介孔和微孔材料，下一步的研究要充分发挥这三种材料各自的结构和性能优势，努力构筑具有大孔-介孔-微孔三级孔结构的多层级材料，并开展实际应用领域的相关研究，为早日实现材料的产业化应用奠定坚实的基础。

参考文献

[1] Davis M E. Ordered porous materials for emerging applications[J]. Nature, 2002, 417: 813 - 821.

[2] Barrer R M. Syntheses and reactions of mordenite[J]. Journal of the Chemical Society, 1948: 2158 - 2163.

[3] Davis M E, Saldarriaga C, Montes C, et al. A molecular-sieve with 18-membered rings[J]. Nature, 1988, 331: 698 - 699.

[4] Davis M E, Saldarriaga C, Montes C, et al. Vpi-5-the 1st molecular-sieve with pores larger than 10 angstroms[J]. Zeolites, 1988, 8: 362 - 366.

[5] Yu J H, Xu R R. Rich structure chemistry in the aluminophosphate family [J]. Accounts Of Chemical Research, 2003, 36: 481 - 490.

[6] Yu J H, Xu R R. Insight into the construction of open-framework aluminophosphates[J]. Chemical Society Reviews, 2006, 35: 593 - 604.

[7] Kim J, Chen B L, Reineke T M, et al. Assembly of metal-organic frameworks from large organic and inorganic secondary building units: New examples and simplifying principles for complex structures[J]. Journal Of The American Chemical Society, 2001, 123: 8239 - 8247.

[8] Eddaoudi M, Moler D B, Li H L, et al. Modular chemistry: Secondary building units as a basis for the design of highly porous and robust metal-

organic carboxylate frameworks[J]. Accounts Of Chemical Research, 2001, 34: 319 - 330.

[9] Rowsell J L C, Yaghi O M. Metal-organic frameworks: a new class of porous materials. Microporous and Mesoporous Materials, 2004, 73: 3 - 14.

[10] Czaja A U, Trukhan N, Muller U. Industrial applications of metal-organic frameworks[J]. Chemical Society Reviews, 2009, 38: 1284 - 1293.

[11] Lee J, Farha O K, Roberts J, et al. Metal-organic framework materials as catalysts[J]. Chemical Society Reviews, 2009, 38: 1450 - 1459.

[12] Li J R, Kuppler R J, Zhou H C. Selective gas adsorption and separation in metal-organic frameworks[J]. Chemical Society Reviews, 2009, 38: 1477 - 1504.

[13] Murray L J, Dinca M, Long J R. Hydrogen storage in metal-organic frameworks[J]. Chemical Society Reviews, 2009, 38: 1294 - 1314.

[14] Shimizu G K H, Vaidhyanathan R, Taylor J M. Phosphonate and sulfonate metal organic frameworks[J]. Chemical Society Reviews, 2009, 38: 1430 - 1449.

[15] Chui S S Y, Lo S M F, Charmant J P H, et al. A chemically functionalizable nanoporous material $[Cu_3(TMA)_2(H_2O)_3]_n$[J]. Science, 1999, 283: 1148 - 1150.

[16] Li H, Eddaoudi M, Groy T L, et al. Establishing microporosity in open metal-organic frameworks: Gas sorption isotherms for Zn(BDC) (BDC = 1, 4-benzenedicarboxylate)[J]. Journal of The American Chemical Society, 1998, 120: 8571 - 8572.

[17] Li H, Eddaoudi M, O'Keeffe M, et al. Design and synthesis of an exceptionally stable and highly porous metal-organic framework[J]. Nature, 1999, 402: 276 - 279.

[18] Chae H K, Siberio-Perez D Y, Kim J, et al. A route to high surface area, porosity and inclusion of large molecules in crystals[J]. Nature, 2004, 427:

523 - 527.

[19] Eddaoudi M, Kim J, Rosi N, et al. Systematic design of pore size and functionality in isoreticular MOFs and their application in methane storage [J]. Science, 2002, 295: 469 - 472.

[20] Eddaoudi M, Kim J, Vodak D, et al. Geometric requirements and examples of important structures in the assembly of square building blocks[C]// Proceedings of The National Academy of Sciences of The United States of America, 2002, 99: 4900 - 4904.

[21] Huang X C, Lin Y Y, Zhang J P, et al. Ligand-directed strategy for zeolite-type metal-organic frameworks: Zinc(II) imidazolates with unusual zeolitic topologies[J]. Angewandte Chemie -International Edition, 2006, 45: 1557 - 1559.

[22] Phan A, Doonan C J, Uribe-Romo F J, et al. Synthesis, structure, and carbon dioxide capture properties of zeolitic imidazolate frameworks[J]. Accounts of Chemical Research, 2010, 43: 58 - 67.

[23] Park K S, Ni Z, Cote A P, et al. Exceptional chemical and thermal stability of zeolitic imidazolate frameworks[C]//Proceedings of The National Academy of Sciences of The United States of America, 2006, 103: 10186 - 10191.

[24] Wang B, Cote A P, Furukawa H, et al. Colossal cages in zeolitic imidazolate frameworks as selective carbon dioxide reservoirs[J]. Nature, 2008, 453: 207 - 211.

[25] Kitagawa S, Uemura K. Dynamic porous properties of coordination polymers inspired by hydrogen bonds[J]. Chemical Society Reviews, 2005, 34: 109 - 119.

[26] Chalati T, Horcajada P, Gref R, et al. Optimisation of the synthesis of MOF nanoparticles made of flexible porous iron fumarate MIL - 88A[J]. Journal of Materials Chemistry, 2011, 21: 2220 - 2227.

[27] Mellot-Draznieks C, Serre C, Surble S, et al. Very large swelling in hybrid frameworks: A combined computational and powder diffraction study[J]. Journal of The American Chemical Society, 2005, 127: 16273 - 16278.

[28] Serre C, Mellot-Draznieks C, Surble S, et al. Role of solvent-host interactions that lead to very large swelling of hybrid frameworks[J]. Science, 2007, 315: 1828 - 1831.

[29] Jin X H, Sun J K, Cai L X, et al. 2D flexible metal-organic frameworks with $[Cd_2(\mu_2-X)_2]$ (X = Cl or Br) units exhibiting selective fluorescence sensing for small molecules[J]. Chemical Communications, 2011, 47: 2667 - 2669.

[30] Galli S, Masciocchi N, Colombo V, et al. Adsorption of harmful organic vapors by flexible hydrophobic bis-pyrazolate based MOFs[J]. Chemistry of Materials, 2010, 22: 1664 - 1672.

[31] Bureekaew S, Shimomura S, Kitagawa S. Chemistry and application of flexible porous coordination polymers[J]. Science and Technology of Advanced Materials, 2008, 9: 014108.

[32] Beck J S, Vartuli J C, Roth W J, et al. A new family of mesoporous molecular-sieves prepared with liquid-crystal templates[J]. Journal of The American Chemical Society, 1992, 114: 10834 - 10843.

[33] Zhao D Y, Huo Q S, Feng J L, et al. Nonionic triblock and star diblock copolymer and oligomeric surfactant syntheses of highly ordered, hydrothermally stable, mesoporous silica structures[J]. Journal of the American Chemical Society, 1998, 120: 6024 - 6036.

[34] Sakamoto Y, Kaneda M, Terasaki O, et al. Direct imaging of the pores and cages of three-dimensional mesoporous materials[J]. Nature, 2000, 408: 449 - 453.

[35] Hoffmann F, Cornelius M, Morell J, et al. Silica-based mesoporous organic-inorganic hybrid materials[J]. Angewandte Chemie-international Edition,

2006, 45: 3216 - 3251.

[36] Aguado J, Arsuaga J M, Arencibia A. Influence of synthesis conditions on mercury adsorption capacity of propylthiol functionalized SBA - 15 obtained by co-condensation[J]. Microporous and Mesoporous Materials, 2008, 109: 513 - 524.

[37] Chong A S M, Zhao X S. Functionalization of SBA - 15 with APTES and characterization of functionalized materials[J]. Journal of Physical Chemistry B, 2003, 107: 12650 - 12657.

[38] Hwang Y K, Chang J S, Kwon Y U, et al. Morphology control of mesoporous SBA - 16 using microwave irradiation[J]. Nanotechnology in Mesostructured Materials, 2003, 146: 101 - 104.

[39] Hwang Y K, Chang J S, Kwon Y U, et al. Microwave synthesis of cubic mesoporous silica SBA - 16[J]. Microporous and Mesoporous Materials, 2004, 68: 21 - 27.

[40] Zhao D Y, Feng J L, Huo Q S, et al. Triblock copolymer syntheses of mesoporous silica with periodic 50 to 300 angstrom pores[J]. Science, 1998, 279: 548 - 552.

[41] Ryoo R, Kim J M, Ko C H, et al. Disordered molecular sieve with branched mesoporous channel network[J]. Journal of Physical Chemistry, 1996, 100: 17718 - 17721.

[42] Tanev P T, Chibwe M, Pinnavaia T J. Titanium-Containing Mesoporous Molecular-Sieves for Catalytic-Oxidation of Aromatic-Compounds [J]. Nature, 1994, 368: 321 - 323.

[43] Tanev P T, Pinnavaia T J. A Neutral Templating Route to Mesoporous Molecular-Sieves[J]. Science, 1995, 267: 865 - 867.

[44] Chen C Y, Xiao S Q, Davis M E. Studies on ordered mesoporous materials III. Comparison of Mcm-41 to Mesoporous Materials Derived from Kanemite [J]. Microporous Materials, 1995, 4: 1 - 20.

[45] Yu C Z, Yu Y H, Zhao D Y. Highly ordered large caged cubic mesoporous silica structures templated by triblock PEO-PBO-PEO copolymer[J]. Chemical Communications, 2000: 575 - 576.

[46] Wan Y, Zhao D Y. On the controllable soft-templating approach to mesoporous silicates[J]. Chemical Reviews, 2007, 107: 2821 - 2860.

[47] Brinker C J. Evaporation-induced self-assembly: Functional nanostructures made easy[J]. Mrs Bulletin, 2004, 29: 631 - 640.

[48] Brinker C J, Lu Y F, Sellinger A, et al. Evaporation-induced self-assembly: Nanostructures made easy[J]. Advanced Materials, 1999, 11: 579 - 585.

[49] Grosso D, Cagnol F, Soler-Illia G J D A, et al. Fundamentals of mesostructuring through evaporation-induced self-assembly[J]. Advanced Functional Materials, 2004, 14: 309 - 322.

[50] Walcarius A, Mercier L. Mesoporous organosilica adsorbents: nanoengineered materials for removal of organic and inorganic pollutants[J]. Journal of Materials Chemistry, 2010, 20: 4478 - 4511.

[51] Wu Z X, Zhao D Y. Ordered mesoporous materials as adsorbents[J]. Chemical Communications, 2011, 47: 3332 - 3338.

[52] Yoshitake H. Design of functionalization and structural analysis of organically-modified siliceous oxides with periodic structures for the development of sorbents for hazardous substances[J]. Journal of Materials Chemistry, 2010, 20: 4537 - 4550.

[53] Velev O D, Jede T A, Lobo R F, et al. Porous silica via colloidal crystallization[J]. Nature, 1997, 389: 447 - 448.

[54] Holland B T, Blanford C F, Stein A. Synthesis of macroporous minerals with highly ordered three-dimensional arrays of spheroidal voids[J]. Science, 1998, 281: 538 - 540.

[55] Imhof A, Pine D J. Ordered macroporous materials by emulsion templating[J]. Nature, 1997, 389: 948 - 951.

[56] Davis S A, Burkett S L, Mendelson N H, et al. Bacterial templating of ordered macrostructures in silica and silica-surfactant mesophases [J]. Nature, 1997, 385: 420 - 423.

[57] Velev O D, Lenhoff A M. Colloidal crystals as templates for porous materials[J]. Current Opinion In Colloid & Interface Science, 2000, 5: 56 - 63.

[58] Stein A, Li F, Denny N R. Morphological control in colloidal crystal templating of inverse opals, hierarchical structures, and shaped particles[J]. Chemistry of Materials, 2008, 20: 649 - 666.

[59] Holtz J H, Asher S A. Polymerized colloidal crystal hydrogel films as intelligent chemical sensing materials[J]. Nature, 1997, 389: 829 - 832.

[60] Lee K, Asher S A. Photonic crystal chemical sensors: pH and ionic strength [J]. Journal of The American Chemical Society, 2000, 122: 9534 - 9537.

[61] Ben-Moshe M, Alexeev V L, Asher S A. Fast responsive crystalline colloidal array photonic crystal glucose sensors[J]. Analytical Chemistry, 2006, 78: 5149 - 5157.

[62] Xu M, Goponenko A V, Asher S A. Polymerized polyHEMA photonic crystals: pH and ethanol sensor materials[J]. Journal of The American Chemical Society, 2008, 130: 3113 - 3119.

[63] Barry R A, Wiltzius P. Humidity-sensing inverse opal hydrogels [J]. Langmuir, 2006, 22: 1369 - 1374.

[64] Aguirre C I, Reguera E, Stein A. Tunable colors in opals and inverse opal photonic crystals[J]. Advanced Functional Materials, 2010, 20: 2565 -2578.

[65] Ueno K, Matsubara K, Watanabe M, et al. An electro-and thermochromic hydrogel as a full-color indicator[J]. Advanced Materials, 2007, 19: 2807 - 2812.

[66] Arsenault A C, Clark T J, Von Freymann G, et al. From colour fingerprinting to the control of photoluminescence in elastic photonic crystals

[J]. Nature Materials, 2006, 5: 179 - 184.

[67] Ozin G A, Arsenault A C. P-Ink and Elast-Ink from lab to market[J]. Materials Today, 2008, 11: 44 - 51.

[68] Nakayama D, Takeoka Y, Watanabe M, et al. Simple and precise preparation of a porous gel for a colorimetric glucose sensor by a templating technique[J]. Angewandte Chemie-International Edition, 2003, 42: 4197 -4200.

[69] Cassagneau T, Caruso F. Inverse opals for optical affinity biosensing[J]. Advanced Materials, 2002, 14: 1629 - 1633.

[70] Hu X B, An Q, Li G T, et al. Imprinted photonic polymers for chiral recognition[J]. Angewandte Chemie -international Edition, 2006, 45: 8145 - 8148.

[71] Hu X B, Li G T, Huang J, et al. Construction of self-reporting specific chemical sensors with high sensitivity[J]. Advanced Materials, 2007, 19: 4327 - 4332.

[72] Huang J, Tao C A, An Q, et al. 3D-ordered macroporous poly(ionic liquid) films as multifunctional materials[J]. Chemical Communications, 2010, 46: 967 - 969.

[73] Huang J, Tao C A, An Q, et al. Visual indication of environmental humidity by using poly (ionic liquid) photonic crystals [J]. Chemical Communications, 2010, 46: 4103 - 4105.

[74] Zhao Y J, Zhao X W, Hu J, et al. Encoded porous beads for label-free multiplex detection of tumor markers[J]. Advanced Materials, 2009, 21: 569 - 572.

[75] Zhao Y J, Zhao X W, Hu J, et al. Multiplex label-free detection of biomolecules with an imprinted suspension array[J]. Angewandte Chemie - international Edition, 2009, 48: 7350 - 7352.

[76] Wang Z Y, Kiesel E R, Stein A. Silica-free syntheses of hierarchically ordered macroporous polymer and carbon monoliths with controllable

mesoporosity[J]. Journal of Materials Chemistry, 2008, 18: 2194 - 2200.

[77] Li F, Wang Z Y, Ergang N S, et al. Controlling the shape and alignment of mesopores by confinement in colloidal crystals: Designer pathways to silica monoliths with hierarchical porosity[J]. Langmuir, 2007, 23: 3996 - 4004.

[78] Wang Z Y, Li F, Ergang N S, et al. Effects of hierarchical architecture on electronic and mechanical properties of nanocast monolithic porous carbons and carbon-carbon nanocomposites[J]. Chemistry of Materials, 2006, 18: 5543 - 5553.

[79] Yang P D, Deng T, Zhao D Y, et al. Hierarchically ordered oxides[J]. Science, 1998, 282: 2244 - 2246.

[80] Zhou Y, Antonietti M. A novel tailored bimodal porous silica with well-defined inverse opal microstructure and super-microporous lamellar nanostructure[J]. Chemical Communications, 2003: 2564 - 2565.

[81] Caruso R A, Antonietti M. Silica films with bimodal pore structure prepared by using membranes as templates and amphiphiles as porogens[J]. Advanced Functional Materials, 2002, 12: 307 - 312.

[82] Xue C F, Tu B, Zhao D Y. Evaporation-induced coating and self-assembly of ordered mesoporous carbon-silica composite monoliths with macroporous architecture on polyurethane foams[J]. Advanced Functional Materials, 2008, 18: 3914 - 3921.

[83] Xue C F, Tu B, Zhao D Y. Facile fabrication of hierarchically porous carbonaceous monoliths with ordered mesostructure via an organic-organic self-assembly[J]. Nano Research, 2009, 2: 242 - 253.

[84] Kuang D B, Brezesinski T, Smarsly B. Hierarchical porous silica materials with a trimodal pore system using surfactant templates[J]. Journal of The American Chemical Society, 2004, 126: 10534 - 10535.

[85] Blin J L, Leonard A, Yuan Z Y, et al. Hierarchically mesoporous/macroporous metal oxides templated from polyethylene oxide surfactant assemblies[J].

Angewandte Chemie-International Edition，2003，42：2872 -2875.

[86] Yuan Z Y，Vantomme A，Leonard A，et al. Surfactant-assisted synthesis of unprecedented hierarchical meso-macrostructured zirconia [J]. Chemical Communications，2003：1558 - 1559.

[87] Dapsens P Y，Hakim S H，Su B L，et al. Direct observation of macropore self-formation in hierarchically structured metal oxides [J]. Chemical Communications，2010，46：8980 - 8982.

[88] Ren T Z，Yuan Z Y，Su B L. Microwave-assisted preparation of hierarchical mesoporous-macroporous boehmite AlOOH and gamma-Al_2O_3 [J]. Langmuir，2004，20：1531 - 1534.

[89] Leonard A，Blin J L. Su B L. One-pot surfactant assisted synthesis of aluminosilicate macrochannels with tunable micro-or mesoporous wall structure[J]. Chemical Communications，2003：2568 - 2569.

[90] Yuan Z Y，Ren T Z，Vantomme A，et al. Facile and generalized preparation of hierarchically mesoporous-macroporous binary metal oxide materials[J]. Chemistry of Materials，2004，16：5096 - 5106.

[91] Yuan Z Y，Su B L. Insights into hierarchically meso-macroporous structured materials[J]. Journal of Materials Chemistry，2006，16：663 - 677.

[92] Yang X Y，Li Y，Lemaire A，et al. Hierarchically structured functional materials：Synthesis strategies for multimodal porous networks[J]. Pure and Applied Chemistry，2009，81：2265 - 2307.

[93] Teo W E，Ramakrishna S. Electrospun nanofibers as a platform for multifunctional，hierarchically organized nanocomposite [J]. Composites Science and Technology，2009，69：1804 - 1817.

[94] Feng C，Khulbe K C，Matsuura T. Recent progress in the preparation，characterization，and applications of nanofibers and nanofiber membranes via electrospinning/interfacial polymerization [J]. Journal of Applied Polymer Science，2010，115：756 - 776.

[95] Ramakrishna S, Fujihara K, Teo W E, et al. Electrospun nanofibers: solving global issues[J]. Materials Today, 2006, 9: 40-50.

[96] Dzenis Y. Spinning continuous fibers for nanotechnology[J]. Science, 2004, 304: 1917-1919.

[97] Greiner A, Wendorff J H. Electrospinning: A fascinating method for the preparation of ultrathin fibres[J]. Angewandte Chemie -international Edition, 2007, 46: 5670-5703.

[98] Huang Z M, Zhang Y Z, Kotaki M, et al. A review on polymer nanofibers by electrospinning and their applications in nanocomposites[J]. Composites Science and Technology, 2003, 63: 2223-2253.

[99] Subbiah T, Bhat G S, Tock R W, et al. Electrospinning of nanofibers[J]. Journal of Applied Polymer Science, 2005, 96: 557-569.

[100] Bognitzki M, Czado W, Frese T, et al. Nanostructured fibers via electrospinning[J]. Advanced Materials, 2001, 13: 70-72.

[101] McCann J T, Li D, Xia Y N. Electrospinning of nanofibers with core-sheath, hollow, or porous structures[J]. Journal of Materials Chemistry, 2005, 15: 735-738.

[102] Yang Y, Wang H Y, Li X, et al. Electrospun mesoporous W^{6+}-doped TiO_2 thin films for efficient visible-light photocatalysis[J]. Materials Letters, 2009, 63: 331-333.

[103] Zhao Y Y, Wang H Y, Lu X F, et al. Fabrication of refining mesoporous silica nanofibers via electrospinning[J]. Materials Letters, 2008, 62: 143-146.

[104] Patel A C, Li S X, Wang C, et al. Electrospinning of porous silica nanofibers containing silver nanoparticles for catalytic applications[J]. Chemistry of Materials, 2007, 19: 1231-1238.

[105] Madhugiri S, Zhou W L, Ferraris J P, et al. Electrospun mesoporous molecular sieve fibers[J]. Microporous and Mesoporous Materials, 2003,

63: 75 - 84.

[106] Madhugiri S, Dalton A, Gutierrez J, et al. Electrospun MEH-PPV/SBA-15 composite nanofibers using a dual syringe method[J]. Journal of The American Chemical Society, 2003, 125: 14531 - 14538.

[107] Macias M, Chacko A, Ferraris J P, et al. Electrospun mesoporous metal oxide fibers[J]. Microporous and Mesoporous Materials, 2005, 86: 1 - 13.

[108] Zhan S H, Chen D R, Jiao X L, et al. Mesoporous TiO_2/SiO_2 composite nanofibers with selective photocatalytic properties [J]. Chemical Communications, 2007: 2043 - 2045.

[109] Zhan S H, Chen D R, Jiao X L, et al. Long TiO_2 hollow fibers with mesoporous walls: Sol-gel combined electrospun fabrication and photocatalytic properties[J]. Journal of Physical Chemistry B, 2006, 110: 11199 - 11204.

[110] Christensen C H, Johannsen K, Schmidt I, et al. Catalytic benzene alkylation over mesoporous zeolite single crystals: Improving activity and selectivity with a new family of porous materials[J]. Journal of The American Chemical Society, 2003, 125: 13370 - 13371.

[111] Wang X C, Yu J C, Ho C M, et al. Photocatalytic activity of a hierarchically macro/mesoporous titania [J]. Langmuir, 2005, 21: 2552 - 2559.

[112] Chai G S, Shin I S, Yu J S. Synthesis of ordered, uniform, macroporous carbons with mesoporous walls templated by aggregates of polystyrene spheres and silica particles for use as catalyst supports in direct methanol fuel cells[J]. Advanced Materials, 2004, 16: 2057 - 2061.

[113] Ishizuka N, Minakuchi H, Nakanishi K, et al. Designing monolithic double-pore silica for high-speed liquid chromatography[J]. Journal of Chromatography A, 1998, 797: 133 - 137.

[114] Guliants V V, Carreon M A, Lin Y S. Ordered mesoporous and

macroporous inorganic films and membranes[J]. Journal of Membrane Science, 2004, 235: 53 - 72.

[115] Tao S Y, Shi Z Y, Li G T, et al. Hierarchically structured nanocomposite films as highly sensitive chemosensory materials for TNT detection[J]. Chemphyschem, 2006, 7: 1902 - 1905.

[116] Ostermann R, Cravillon J, Weidmann C, et al. Metal-organic framework nanofibers via electrospinning[J]. Chemical Communications, 2011, 47: 442 - 444.

[117] Kang H G, Zhu Y H, Jing Y J, et al. Fabrication and electrochemical property of Ag-doped SiO_2 nanostructured ribbons[J]. Colloids and Surfaces A-physicochemical and Engineering Aspects, 2010, 356: 120 - 125.

[118] Shao C L, Kim H, Gong J, et al. A novel method for making silica nanofibres by using electrospun fibres of polyvinylalcohol/silica composite as precursor[J]. Nanotechnology, 2002, 13: 635 - 637.

[119] Choi S S, Lee S G, Im S S, et al. Silica nanofibers from electrospinning/sol-gel process[J]. Journal of Materials Science Letters, 2003, 22: 891 - 893.

[120] Peng M, Sun Q J, Ma Q L, et al. Mesoporous silica fibers prepared by electroblowing of a poly(methyl methacrylate)/tetraethoxysilane mixture in N, N-dimethylformamide[J]. Microporous and Mesoporous Materials, 2008, 115: 562 - 567.

[121] von Graberg T, Thomas A, Greiner A, et al. Electrospun silica-polybenzimidazole nanocomposite fibers[J]. Macromolecular Materials and Engineering, 2008, 293: 815 - 819.

[122] Deitzel J M, Kleinmeyer J, Harris D, et al. The effect of processing variables on the morphology of electrospun nanofibers and textiles[J]. Polymer, 2001, 42: 261 - 272.

[123] Ryu Y J, Kim H Y, Lee K H, et al. Transport properties of electrospun nylon 6 nonwoven mats[J]. European Polymer Journal, 2003, 39: 1883 - 1889.

[124] Ma M L, Hill R M, Lowery J L, et al. Electrospun poly (styrene-block-dimethylsiloxane) block copolymer fibers exhibiting superhydrophobicity [J]. Langmuir, 2005, 21: 5549 - 5554.

[125] Feng X, Fryxell G E, Wang L Q, et al. Functionalized monolayers on ordered mesoporous supports[J]. Science, 1997, 276: 923 - 926.

[126] Perez-Quintanilla D, del Hierro I, Fajardo M, et al. Preparation of 2 - mercaptobenzothiazole-derivatized mesoporous silica and removal of Hg(II) from aqueous solution[J]. Journal of Environmental Monitoring, 2006, 8: 214 - 222.

[127] Xue X M, Li F T. Removal of Cu(II) from aqueous solution by adsorption onto functionalized SBA - 16 mesoporous silica[J]. Microporous and Mesoporous Materials, 2008, 116: 116 - 122.

[128] Chen J Y, Chen H C, Lin J N, et al. Effects of polymer media on electrospun mesoporous titania nanofibers[J]. Materials Chemistry and Physics, 2008, 107: 480 - 487.

[129] Bajon R, Balaji S, Guo S M. Electrospun Nafion Nanofiber for Proton Exchange Membrane Fuel Cell Application[J]. Journal of Fuel Cell Science and Technology, 2009, 6: 031004.

[130] Xiao S L, Shen M W, Guo R, et al. Immobilization of zerovalent iron nanoparticles into electrospun polymer nanofibers: Synthesis, characterization, and potential environmental applications[J]. Journal of Physical Chemistry C, 2009, 113: 18062 - 18068.

[131] Heikkila P, Taipale A, Lehtimaki M, et al. Electrospinning of polyamides with different chain compositions for filtration application[J]. Polymer Engineering and Science, 2008, 48: 1168 - 1176.

[132] Srinivasarao M, Collings D, Philips A, et al. Three-dimensionally ordered

array of air bubbles in a polymer film[J]. Science, 2001, 292: 79 - 83.

[133] Casper C L, Stephens J S, Tassi N G, et al. Controlling surface morphology of electrospun polystyrene fibers: Effect of humidity and molecular weight in the electrospinning process[J]. Macromolecules, 2004, 37: 573 - 578.

[134] Megelski S, Stephens J S, Chase D B, et al. Micro-and nanostructured surface morphology on electrospun polymer fibers[J]. Macromolecules, 2002, 35: 8456 - 8466.

[135] Zhao D, Yang P, Melosh N, et al. Continuous mesoporous silica films with highly ordered large pore structures[J]. Advanced Materials, 1998, 10: 1380 - 1385.

[136] Nuhoglu Y, Oguz E. Removal of copper(II) from aqueous solutions by biosorption on the cone biomass of Thuja orientalis [J]. Process Biochemistry, 2003, 38: 1627 - 1631.

[137] O'Connell D W, Birkinshaw C, O'Dwyer T F. A chelating cellulose adsorbent for the removal of Cu(II) from aoueous solutions[J]. Journal of Applied Polymer Science, 2006, 99: 2888 - 2897.

[138] Sharma P, Kumari P, Srivastava M M, et al. Removal of cadmium from aqueous system by shelled Moringa oleifera Lam [J]. seed powder. Bioresource Technology, 2006, 97: 299 - 305.

[139] Goyal N, Jain S C, Banerjee U C. Comparative studies on the microbial adsorption of heavy metals[J]. Advances In Environmental Research, 2003, 7: 311 - 319.

[140] Jossens L, Prausnitz J M, Fritz W, et al. Thermodynamics of multi-solute adsorption from dilute aqueous-solutions [J]. Chemical Engineering Science, 1978, 33: 1097 - 1106.

[141] Redlich O, Peterson D L. A useful adsorption isotherm[J]. Journal of Physical Chemistry, 1959, 63: 1024 - 1024.

[142] Hasany S M, Chaudhary M H. Sorption potential of Hare river sand for the removal of antimony from acidic aqueous solution[J]. Applied Radiation and Isotopes, 1996, 47: 467 - 471.

[143] Bessbousse H, Rhlalou T, Verchere J F, et al. Removal of heavy metal ions from aqueous solutions by filtration with a novel complexing membrane containing poly(ethyleneimine) in a poly(vinyl alcohol) matrix[J]. Journal of Membrane Science, 2008, 307: 249 - 259.

[144] Allendorf M D, Bauer C A, Bhakta R K, et al. Luminescent metal-organic frameworks[J]. Chemical Society Reviews, 2009, 38: 1330 - 1352.

[145] Lan A J, Li K H, Wu H H, et al. A luminescent microporous metal-organic framework for the fast and reversible detection of high explosives [J]. Angewandte Chemie-International Edition, 2009, 48: 2334 - 2338.

[146] Xiao Y Q, Cui Y J, Zheng Q A, et al. A microporous luminescent metal-organic framework for highly selective and sensitive sensing of Cu^{2+} in aqueous solution[J]. Chemical Communications, 2010, 46: 5503 - 5505.

[147] Liu S, Xiang Z H, Hu Z, et al. Zeolitic imidazolate framework-8 as a luminescent material for the sensing of metal ions and small molecules[J]. Journal of Materials Chemistry, 2011, 21: 6649 - 6653.

[148] Shekhah O, Liu J, Fischer R A, et al. MOF thin films: existing and future applications[J]. Chemical Society Reviews, 2011, 40: 1081 - 1106.

[149] Scherb C, Schodel A, Bein T. Directing the structure of metal-organic frameworks by oriented surface growth on an organic monolayer [J]. Angewandte Chemie-international Edition, 2008, 47: 5777 - 5779.

[150] Biemmi E, Scherb C, Bein T. Oriented growth of the metal organic framework $Cu_3(BTC)_2(H_2O)_3 \cdot xH_2O$ tunable with functionalized self-assembled monolayers [J]. Journal of The American Chemical Society, 2007, 129: 8054 - 8055.

[151] Arnold M, Kortunov P, Jones D J, et al. Oriented crystallisation on

supports and anisotropic mass transport of the metal-organic framework manganese formate[J]. European Journal of Inorganic Chemistry, 2007: 60 - 64.

[152] Shekhah C, Wang H, Kowarik S, et al. Step-by-step route for the synthesis of metal-organic frameworks [J]. Journal of The American Chemical Society, 2007, 129: 15118 - 15119.

[153] Hermes S, Zacher D, Baunemann A, et al. Selective growth and MOCVD loading of small single crystals of MOF - 5 at alumina and silica surfaces modified with organic self-assembled monolayers [J]. Chemistry of Materials, 2007, 19: 2168 - 2173.

[154] Hermes S, Schroder F, Chelmowski R, et al. Selective nucleation and growth of metal-organic open framework thin films on patterned COOH/CF_3- terminated self-assembled monolayers on Au(111)[J]. Journal of The American Chemical Society, 2005, 127: 13744 - 13745.

[155] Yoo Y, Lai Z P, Jeong H K. Fabrication of MOF - 5 membranes using microwave-induced rapid seeding and solvothermal secondary growth[J]. Microporous and Mesoporous Materials, 2009, 123: 100 - 106.

[156] Liu Y Y, Ng Z F, Khan E A, et al. Synthesis of continuous MOF - 5 membranes on porous alpha-alumina substrates [J]. Microporous and Mesoporous Materials, 2009, 118: 296 - 301.

[157] Yoo Y, Jeong H K. Heteroepitaxial growth of isoreticular metal-organic frameworks and their hybrid films[J]. Crystal Growth & Design, 2010, 10: 1283 - 1288.

[158] Yoo Y, Jeong H K. Rapid fabrication of metal organic framework thin films using microwave-induced thermal deposition[J]. Chemical Communications, 2008: 2441 - 2443.

[159] McCarthy M C, Varela-Guerrero V, Barnett G V, et al. Synthesis of zeolitic imidazolate framework films and membranes with controlled

microstructures[J]. Langmuir, 2010, 26: 14636 - 14641.

[160] Bux H, Liang F Y, Li Y S, et al. Zeolitic imidazolate framework membrane with molecular sieving properties by microwave-assisted solvothermal synthesis[J]. Journal of The American Chemical Society, 2009, 131: 16000 - 16001.

[161] Li Y S, Liang F Y, Bux H G, et al. Zeolitic imidazolate framework ZIF - 7 based molecular sieve membrane for hydrogen separation[J]. Journal of Membrane Science, 2010, 354: 48 - 54.

[162] Huang A S, Bux H, Steinbach F, et al. Molecular-sieve membrane with hydrogen permselectivity: ZIF - 22 in LTA topology prepared with 3 - aminopropyltriethoxysilane as covalent linker[J]. Angewandte Chemie - International Edition, 2010, 49: 4958 - 4961.

[163] Li Y S, Liang F Y, Bux H, et al. Molecular sieve membrane: Supported metal-organic framework with high hydrogen selectivity[J]. Angewandte Chemie-International Edition, 2010, 49: 548 - 551.

[164] Guo H L, Zhu G S, Hewitt I J, et al. "Twin copper source" growth of metal-organic framework membrane: $Cu_3(BTC)_2$ with high permeability and selectivity for recycling H_2[J]. Journal of The American Chemical Society, 2009, 131: 1646 - 1647.

[165] Demessence A, Boissiere C, Grosso D, et al. Adsorption properties in high optical quality nanoZIF - 8 thin films with tunable thickness[J]. Journal of Materials Chemistry, 2010, 20: 7676 - 7681.

[166] Cravillon J, Munzer S, Lohmeier S J, et al. Rapid room-temperature synthesis and characterization of nanocrystals of a prototypical zeolitic imidazolate framework[J]. Chemistry of Materials, 2009, 21: 1410 - 1412.

[167] Millward A R, Yaghi O M. Metal-organic frameworks with exceptionally high capacity for storage of carbon dioxide at room temperature[J]. Journal of The American Chemical Society, 2005, 127: 17998 - 17999.

[168] Paquet C, Kumacheva E. Nanostructured polymers for photonics[J]. Materials Today, 2008, 11: 48 - 56.

[169] Marlow F, Muldarisnur, Sharifi P, et al. Opals: status and prospects[J]. Angewandte Chemie-International Edition, 2009, 48: 6212 - 6233.

[170] Sanders J V. Colour of precious oppal[J]. Nature, 1964, 204: 1151 - 1153.

[171] John S. Strong localization of photons in certain disordered dielectric superlattices[J]. Physical Review Letters, 1987, 58: 2486 - 2489.

[172] Yablonovitch E, Gmitter T J, Leung K M. Photonic band-structure — the face-centered-cubic case employing nonspherical atoms[J]. Physical Review Letters, 1991, 67: 2295 - 2298.

[173] Kushwaha M S, Halevi P, Dobrzynski L, et al. Acoustic band-structure of periodic elastic composites[J]. Physical Review Letters, 1993, 71: 2022 - 2025.

[174] Ozbay E, Abeyta A, Tuttle G, et al. Measurement of a 3 - dimensional photonic band - gap in a crystal - structure made of dielectric rods[J]. Physical Review B, 1994, 50: 1945 - 1948.

[175] Ho K M, Chan C T, Soukoulis C M, et al. Photonic band-gaps in 3-dimensions — new layer-by-layer periodic structures[J]. Solid State Communications, 1994, 89: 413 - 416.

[176] Noda S, Tomoda K, Yamamoto N, et al. Full three-dimensional photonic bandgap crystals at near-infrared wavelengths[J]. Science, 2000, 289: 604 - 606.

[177] Lange B, Fleischhaker F, Zentel R. Functional 3D photonic films from polymer beads[J]. Physica Status Solidi a-Applications and Materials Science, 2007, 204: 3618 - 3635.

[178] Zhou J M, Li H L, Ye L, et al. Facile fabrication of tough SiC inverse opal photonic crystals[J]. Journal of Physical Chemistry C, 2010, 114: 22303 - 22308.

[179] Vlasov Y A, Bo X Z, Sturm J C, et al. On-chip natural assembly of silicon

photonic bandgap crystals[J]. Nature, 2001, 414: 289 - 293.

[180] Allendorf M D, Houk R J T, Andruszkiewicz L, et al. Stress-induced chemical detection using flexible metal-organic frameworks[J]. Journal of The American Chemical Society, 2008, 130: 14404 - 14405.

[181] Biemmi E, Darga A, Stock N, et al. Direct growth of $Cu_3(BTC)_2(H_2O)_3 \cdot xH_2O$ thin films on modified QCM-gold electrodes — Water sorption isotherms [J]. Microporous and Mesoporous Materials, 2008, 114: 380 - 386.

[182] Lu G, Hupp J T. Metal-organic frameworks as sensors: A ZIF - 8 based fabry-perot device as a selective sensor for chemical vapors and gases[J]. Journal of The American Chemical Society, 2010, 132: 7832 - 7833.

[183] Kreno L E, Hupp J T, Van Duyne R P. Metal-organic framework thin film for enhanced localized surface plasmon resonance gas sensing[J]. Analytical Chemistry, 2010, 82: 8042 - 8046.

[184] Ameloot R, Gobechiy a E, Uji-i H, et al. Direct patterning of oriented metal-organic framework crystals via control over crystallization kinetics in clear precursor solutions[J]. Advanced Materials, 2010, 22: 2685 - 2688.

[185] Shekhah O, Wang H, Zacher D, et al. Growth mechanism of metal-organic frameworks: Insights into the nucleation by employing a step-by-step route [J]. Angewandte Chemie-International Edition, 2009, 48: 5038 - 5041.

后 记

在博士研究完成之际，我感慨良多，回首这五年的点点滴滴，才发现人生有太多的感动需要铭刻在心。从当初选择踏上这条求学之路，到其间遇到种种困难与挫折，再到坚定信念走到今天，每一步都凝聚着许多人的关心和帮助。我诚挚地感谢几年来给予我帮助的老师、同学、朋友和家人。

首先要感谢我的导师李风亭教授，李老师严谨的科学态度、渊博的专业知识、灵活的思维方式和勤勉的工作作风是我学习的榜样。在这几年的学习生涯中，李老师在各方面给予了无微不至的帮助和关怀。在研究中导师提供了最好的科研环境和学习交流机会，在为人处世方面给我谆谆教诲，在生活上也给予了无微不至的关心和支持，在此谨向我的导师李风亭教授表达由衷的敬意和感谢。

在科研工作中，我十分有幸得到了清华大学李广涛教授的悉心指导和帮助。他敏锐的科研洞察力、广阔的科研视角和勤奋踏实的工作作风使我终生受益。谨向李广涛教授表示衷心的感谢。

感谢课题组张冰如老师、乔俊莲老师、徐冉老师、王洪涛老师在实验和生活中给予的帮助和支持。

感谢为博士研究的完成作出重要贡献的各位同学，他们分别是曾经或仍奋战在电纺丝领域的吴义广博士、贾维杰硕士和徐云霞同学；出没于多孔材料世界的张炜侠硕士、林昶旭、朱伟等同学；徜徉于光子晶体海洋的陶呈安博士。此外还要感谢吴广龙博士后、李晓刚博士后、安琪博士、徐丹、李伟娜、李雪松、黄婧、马丽、江寅、杨昊伟、崔杰铖等同学对我无私的关心和帮助。感谢课题组薛晓明博士、杨虹博士、王海峰博士、刘莉硕士、滕敏敏、吴胜举等同学的大力帮助以及同门柳丹、张利同学的相互鼓励和并肩奋斗。还有许许多多在我的工作和生活中给予无私帮助的老师和同学，在此一并向他们表示诚挚的谢意。

最后，我要深深感谢多年来陪伴我成长的父母，父亲是我永远的启明星，母亲是我爱的港湾。我会继续用优异的成绩报答他们。

光阴荏苒，五年光阴转瞬即逝，我经历了很多也感悟了很多。感谢陪伴我走过这段岁月的每一个人，我会一如既往地努力工作、学习和生活，为了所有我爱的和爱我的人。

吴一楠